蜈蚣养殖实用技术

WUGONG YANGZHI SHIYONG JISHU

周元军　管文波　编著

中国科学技术出版社
·北　京·

图书在版编目（CIP）数据

蜈蚣养殖实用技术 / 周元军，管文波编著 . —北京：
中国科学技术出版社，2021.12

ISBN 978-7-5046-9239-9

Ⅰ. ①蜈… Ⅱ. ①周… ②管… Ⅲ. ①蜈蚣—养殖
Ⅳ. ① S899.9

中国版本图书馆 CIP 数据核字（2021）第 201169 号

策划编辑	王绍昱	
责任编辑	王绍昱	
装帧设计	中文天地	
责任校对	邓雪梅	
责任印制	马宇晨	

出　　版	中国科学技术出版社	
发　　行	中国科学技术出版社有限公司发行部	
地　　址	北京市海淀区中关村南大街16号	
邮　　编	100081	
发行电话	010-62173865	
传　　真	010-62173081	
网　　址	http://www.cspbooks.com.cn	

开　　本	889mm×1194mm　1/32	
字　　数	102千字	
印　　张	4	
版　　次	2021年12月第1版	
印　　次	2021年12月第1次印刷	
印　　刷	北京长宁印刷有限公司	
书　　号	ISBN 978-7-5046-9239-9 / S・781	
定　　价	20.00元	

Preface 前言

　　蜈蚣，又称百足虫、百脚虫、蜘蛆、天龙、吴公，是一种有毒腺的、肉食性的陆生节肢动物。蜈蚣虽然有毒，但其药用价值却较高。作为我国传统名贵药材的蜈蚣入药历史悠久，早在2000多年以前就被人们认识并加以利用，《本草纲目》等许多古代医学专著中均有详细记载。

　　蜈蚣是一种常用的中药，具有祛风镇惊、抗癌、解毒等功能。通常以干燥全虫入药，主治小儿痫风、抽风、口噤、丹毒、秃疮、破伤风、百日咳、瘰疬、结核、疝积瘤块、疮疡肿毒、风癣、痔漏、烫伤、蛇伤等症。蜈蚣的水浸液能抵制结核杆菌和皮肤真菌。民间将蜈蚣去头、足后，将其研成细末内服可治疗结核性胸膜炎、结核性肋膜炎、肺结核、散发性结核、乳腺结核以及颈部淋巴结核等。另外，临床还用蜈蚣治疗瘰疬、骨髓炎、疱节肿毒等症，对慢性溃疡、烧伤等病症也有一定的疗效。目前用蜈蚣配成的中药处方多达100种，并在民间广泛应用。蜈蚣也是人参再造丸、大活络丹、牵正散等30多种中成药的重要原料。

　　近年来，随着社会物质文明的进步，蜈蚣作为治疗疾病、身体保健佳品，备受人们关注。如蜈蚣保健酒、蜈蚣保健品相继问世。随着中医药学的不断发展，蜈蚣毒的作用也开始被人们广泛认识，并开发应用。现在蜈蚣毒比黄金还贵，每千克50多万元。1万只蜈蚣每年可提取蜈蚣毒素500克左右，因此，蜈蚣毒的药用价值远远高于蜈蚣本身。

　　由于蜈蚣的用途不断扩大，势必加大了蜈蚣的社会需求量。过去主要是依靠捕捉野生蜈蚣入药为主，但随着使用量的不断增

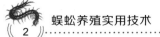

加，野生蜈蚣越来越少，可提供的自然虫源（野生蜈蚣）十分有限，导致了供需矛盾越来越突出，因此，人工养殖蜈蚣势在必行。为使广大养殖户、养殖蜈蚣爱好者以及想创业发家致富的农民朋友们能全面、系统、客观、深入地了解蜈蚣和掌握人工养殖蜈蚣的新技术、新方法、新措施，笔者结合多年的科研成果和养殖蜈蚣经验，编著了这本《蜈蚣养殖实用技术》。

在编写过程中，笔者力求突出实用性、系统性和科学性，采用图文并茂的形式，着重介绍了蜈蚣的养殖前景，蜈蚣的生物学特性，蜈蚣的饲养管理，蜈蚣的病害与敌害防治，蜈蚣的采收、加工与贮藏，蜈蚣蜇伤与救护，提高蜈蚣养殖经济效益的经营模式等技术知识。该书既收入了编著者的研究成果和养殖经验，也参考了前人的宝贵资料，全书插图几十余幅，文图相映，相辅相成，深入浅出，通俗易懂，适合广大农村养殖蜈蚣工作者和养殖专业户学习参考。

由于时间紧，编写经验不足，加上笔者水平有限，书中不足之处在所难免，恳请同行及广大读者提出更好的见解和宝贵的建议，以便再版时充实完善。

作　者

Contents 目 录

第一章
概　述

一、蜈蚣的种类

　　蜈蚣俗称天龙、百足虫、百脚虫，也称蝍蛆、吴公，在动物分类学中属于节肢动物门、唇足纲、整形目、蜈蚣科、蜈蚣属（图1-1）。目前世界各地先后共发现蜈蚣3000多种，其中在我国常见的就有50多种，具有代表性的有6属14种。

　　历代本草记载的药用蜈蚣都是由少棘蜈蚣炮制而成的。近年来，随着各地药用动物资源的开发利用，多棘蜈蚣、模棘蜈蚣、

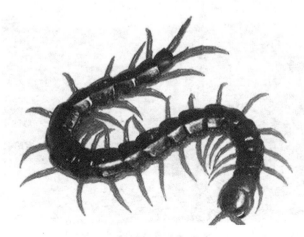

图1-1　蜈蚣成虫

哈氏蜈蚣和马氏蜈蚣也被加工成为药用蜈蚣。因此，现在的药用蜈蚣成品主要是由少棘蜈蚣、多棘蜈蚣、模棘蜈蚣、哈氏蜈蚣和马氏蜈蚣等加工炮制而成。

（一）少棘蜈蚣

别名金头蜈蚣、中国红头蜈蚣，是多棘蜈蚣的近似种，一般体长 110～130 毫米。头部扁平近圆形，前端略窄而突出，长度为躯干第一背板的 1.5～2.5 倍。头板最前端有 1 对灵敏的触角。单眼 4 对着生在触角基部的两侧。

头板和第一有足体节的背板呈红色，其他背板多呈墨绿色或黑褐色。步足多为黄色，最末步足多呈赤褐色，也有步足都呈赤褐色的个体。头板无纵沟线。触角分 17 节，基部的 6 节无细密的绒毛。颚齿为 5+5（即左、右齿板上各有 5 个小齿）。背板上的纵沟线，由第 4～9 背板开始，至第 20 背板。第 2～19 胸板有纵沟线。体部背板两侧的棱缘，从第 5～9 节背板开始，至最末背板。第 20 步足和前面步足一样，都有一跗刺。基侧板突起的末端常有 2 个小棘（图 1-2）。

图 1-2　少棘蜈蚣

　　雄性生殖区前生殖节胸板两侧有细小的生殖肢。

　　少棘蜈蚣主要分布于中国和日本，在我国的广大地区，如湖北、浙江、江苏、安徽、江西、四川、河南、陕西、广西、广东、贵州、云南等省份常见。少棘蜈蚣白天喜欢潜伏在阴暗的石块下或乱石间，常在黑夜出来四处捕食昆虫（如蟋蟀、蚱蜢、金龟子和各类蛾类），也能用其毒颚杀死小型的脊椎动物（如麻雀、蜥蜴、蛇等）而食之。

（二）多棘蜈蚣

　　体长可达 160 毫米。头板和第一有足体节的背板颜色比少棘蜈蚣颜色深些，呈玫瑰红色，与棕褐色的其他背板显然不同。步足为棕红色。触角为 18 节，基部 6 节光滑无绒毛，大部分背板无棱缘。第 2～19 腹板具有不完整的平行纵缝线，基侧板突起末端有 3 个小棘，无背棘和侧棘。第 20、21 对步足无趾刺。最末步足前股节腹面外侧和内侧各有 2 个小棘，背面内侧有 2 个小棘，隅棘末端有 3 个小棘（图 1-3）。

图 1-3　多棘蜈蚣

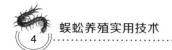

雌性生殖区前生殖节胸板两侧无生殖肢，与少棘蜈蚣、模棘蜈蚣、哈氏蜈蚣和马氏蜈蚣（都有生殖肢）不同。

多棘蜈蚣分布在广西地区的个体数量很多，在海南省、湖北省宜昌、浙江省丽水等地区也有发现。

（三）模棘蜈蚣

体长约160毫米，因为全身深红色（大多呈单一的褐色或黄褐色），在古籍中又名"天龙"，加之体形壮硕（有的个体长度可达到200毫米），故名"红巨龙"。模棘蜈蚣头板无纵沟线，触角由18节组成，基部的6节无细密的绒毛。颚齿为5+5或6+6，也有两三个小齿相互愈合为一个大钝齿的标本。第1背板无沟线，从第2～6背板开始，直至第20背板有沟线。第2～19胸板有纵沟线，身体两侧的棱缘由第7～10背板开始，直至最末背板。第1～20步足各有一跗刺，最末步足无跗刺。基侧板突起末端有2个小棘，最末步足前股节腹外侧有1个棘，背面内侧有1～2个棘（图1-4）。

图1-4　模棘蜈蚣

雄性生殖区前生殖节胸板两侧有细小的生殖肢。

模棘蜈蚣主要分布在我国的台湾、云南南部、广东等地。

（四）哈氏蜈蚣

体长约 150 毫米，头板和第 1 有足体节的背板为红色，其他背板呈褐色。步足呈浅褐色。触角由 18 节组成，基部的 6 节无细密的绒毛。颚齿为 6+6。头板无纵沟线，背板纵沟线多从第 4 背板开始，至第 20 背板；胸板纵沟线从第 2～20 胸板，最末体节的基侧板突起末端有 2 个小棘，身体两侧的棱缘由第 7～10 背板开始，直至最末背板。第 1～20 步足各有一跗刺，最末步足前股节的腹面外侧无棘，而内侧仅有 1 个棘。最末步足前股节腹外侧面有 1 个棘，背面内侧有 1～3 个棘（图 1-5）。雄性生殖区前生殖节胸板两侧有细小的生殖肢。

图 1-5 哈氏蜈蚣

哈氏蜈蚣在我国的海南、广东、广西、云南等地都有分布，其中海南数量较多。

（五）马氏蜈蚣

一般体长为 90 毫米，最大的可达 200 毫米。一般幼体呈蓝绿色，仅头的前半部呈红褐色，成体的头板和第 1 有足体节的背板呈棕红色，第 2 步足体节的背板呈深绿色，而其他背板为灰褐色，背板的后缘有一绿色条纹，步足为黄褐色。头板有一条细长的纵谷线。触角分 17 节，基部 5 节，无细密的绒毛。颚齿各有 5 个或 6 个小齿。身体内测的棱缘从第 5～10 背板开始，至 21 背板，最末体节的基侧板突起，末端通常只有 1 个小棘。第 1～19 步足各有一跗刺，最末步足前股节的腹面有 6 个棘，呈 3 行，每行各有 2 个棘；背面内侧各有 1 个棘，隔刺末端有 2 个小棘（图 1-6）。

图 1-6　马氏蜈蚣

雄性生殖区前生殖节胸板两侧有细小的生殖肢。

马氏蜈蚣主要产于我国西藏等地。

二、蜈蚣的经济价值

（一）药用价值

作为我国传统名贵药材，蜈蚣入药历史悠久，早在 2 000 多年以前就被人们认识并加以利用,《本草纲目》等许多医学专著中均有这方面的详细记载。蜈蚣的药用价值首载于《神农本草经》,在此之后的古籍中对蜈蚣的记载也非常多见。《医学衷中参西录》中较为全面地介绍了蜈蚣的药用价值:"蜈蚣走窜之力最速,内而脏腑,外而经络,凡气血凝聚之处皆能开之。性有微毒,而转善解毒,凡一切疮疡诸毒皆能消之。其性尤善搜风,内治肝风萌动、惊痫、抽掣、小儿脐风,外治经络中风、口眼歪斜、手足麻木。为其性能制蛇,故又治蛇症及蛇咬中毒。外敷治疮甲(俗名鸡眼)。用时宜带头足,去之则力减,且其性原无大毒,故不妨全用也。"

现代医学研究证明,蜈蚣含有两种类似蜂毒的有毒成分,即组胺样物质和溶血蛋白质。尚含酪氨酸、亮氨酸、蚁酸、脂肪油、胆固醇等。外角皮含几丁质、脱乙酰几丁质、葡萄糖胺、谷氨酸、酸性磷酸酶。蜈蚣毒素对戊四氮、纯烟碱和硝酸士的宁碱所引起的惊厥反应,均有不同程度的拮抗作用,对多种皮肤真菌有不同程度的抑制作用,对结核杆菌具有抑制作用和杀灭的能力;蜈蚣毒液中含有蛋白酶、溶血因子及其他血液系统的活化因子等,所以具有通络活血的疗效;蜈蚣毒素中存在血小板聚集诱导成分或血小板活化组分,可以诱导血小板聚集,试验证明其对血小板诱导聚集的速度稍慢于 ADP;蜈蚣毒素对肿瘤细胞也具有一定的抑制作用,在消化系统的肿瘤和癌症上表现了较好的疗效。

总之,通过近年来人们对蜈蚣毒素药理学活性的研究表明,蜈蚣毒素不仅能引起肌肉平滑肌舒张和血糖升高,还可以作为生物杀虫剂以及昆虫神经系统研究的工具,此外,蜈蚣毒素中还含有几种极有利用价值的工具酶以及其他在医药学方面的有效成分,可以说蜈蚣毒素是一种潜在的生物活性资源。

（二）食用价值

蜈蚣富含高蛋白质、14种微量元素和17种人体所必需的氨基酸，除药用外，也是一种食用营养滋补品，并逐渐被广大的消费者认可。尤其是近年来，随着人们生活水平的不断提高，再加之人们对自身保健意识的增强，许多人的目光已投向营养保健食品，而蜈蚣作为食材也成为各大宾馆、酒店、大排档的一道名菜，并深受消费者的青睐。一般可将蜈蚣进行炸、煎、烤，也可以煲汤喝、泡酒饮用。

经常饮用蜈蚣炮制的酒，既有药物防病治病的作用，又有酒的辛散兴奋之功效。如用蜈蚣炮制的追风活络酒，可用于治疗因寒湿引起的关节筋骨疼痛等疾患。此外，还有作补益饮料的参茸酒、人参药酒、史国公酒等，都是用蜈蚣炮制而成。蜈蚣酒既可内服也可外用。炮制蜈蚣酒的方法可分为冷浸法和热浸法。

家庭炮制蜈蚣酒一般采用冷浸法，其炮制方法如下：先将药材洗净、晾干、切碎（以便药材与酒的接触面扩大，易使药物有效成分溶出），将处理好的药材置入干净的瓶子等容器中，然后加入15～30倍白酒（65度为佳）中浸泡。将容器密封，置阴凉干燥处贮存。一般浸泡一个月即可使用，最短不能少于半个月。

饮用蜈蚣药酒时应注意如下几点：①药酒只适用于寒性、虚性疾患，且平日有饮酒习惯者，否则只可少量饮服。②一般每次服1小酒盅（15～30毫升），每日2～3次，不可过量服用。③药酒宜饭前服用。因为饭前胃、肠中内容物较少，药物能借助酒的辛散走窜之性迅速被人体吸收，而较快发挥作用。④患有高血压、肝脏病、心脏病及小儿、孕妇，以及对酒精有过敏的人不宜服用。⑤药酒久置可有部分沉淀物，系鞣质、黏液质等无效成分。因此，对于瓶底带有少量沉积物的蜈蚣药酒以不饮用为妥。

（三）现代开发利用

近年来，随着社会物质文明的进步和人民生活水平的不断提高，蜈蚣作为药品、保健佳品，备受人们的关注，尤其是蜈蚣毒素的开发应用，取得了重大突破，大大提高了蜈蚣的利用价值，其需求量也与日俱增。

蜈蚣除了被我国古今医药名著列为活血、解毒、镇痛等的重要原料药物，其相关的营养保健品也相继问世，以蜈蚣炮制的"蜈蚣酒""蜈蚣油""蜈蚣散"等在民间应用较为普遍，深受广大消费者喜爱。近年来，我国医药专家在以蜈蚣治疗胃癌、食管癌、子宫癌、皮肤癌等方面已取得一定的效果。目前全国各地许多科研院所和医药部门先后开展了药用蜈蚣的开发应用和人工饲养研究工作，蜈蚣的开发利用越来越受到人们重视。

三、人工养殖蜈蚣行业分析

（一）我国人工养殖蜈蚣现状

我国从 20 世纪 80 年代中期开始出现许多蜈蚣养殖专业户。自 90 年代以来，随着国内中医药行业对蜈蚣需求数量的增加及外贸出口创汇的刺激，对蜈蚣价值的深层开发不断加强，蜈蚣的经济价值也日益增高，同时随着农药、化肥的广泛使用以及生态环境污染的影响，蜈蚣的生存环境遭到严重的破坏，野生蜈蚣的种群数量急剧减少，导致蜈蚣货源紧缺，市场供不应求，价格逐年上升。

目前我国人工养殖蜈蚣单位多为农户个体经营，养殖品种仍基本依赖野生蜈蚣，多依靠传统的经验方法进行养殖生产，养殖管理技术粗放，规模小，科技投入少水平低，因此产量不高，发展缓慢。由于蜈蚣总体资源在减少，市场上大部分蜈蚣都是常规品种，蜈蚣产品绝大部分是以原材料形式出现在市场上，附加值低，无成熟的高科技含量的新产品问世，有时虽然出现了一时供应不足现象，但并未出现用量大增的情况；至于食用市场，由于人们的观念和认识的不足，蜈蚣品种和新产品开发的限制，实际需求量并不是很大。随着蜈蚣的药理学研究的进展，近年来确实是一个热点，但距离产品的大力开发应用还存在着一定的距离，因此，短期内不会对蜈蚣的市场需求产生多大的冲击。总体而言蜈蚣成品用途基本以中药材市场为主，市场需求规模不大，已成为制约蜈蚣规模化生产的瓶颈。

（二）人工养殖蜈蚣项目优点

第一，蜈蚣是传统名贵药材，随着野生蜈蚣数量急剧下降，市场供不应求，价格急剧攀升，药材部门收购已由 1990 年的 0.6 元/条上升到现在的 1.6 元/条以上，开展人工蜈蚣养殖技术前景广阔。

第二，蜈蚣属杂食性动物，各种动物肉类、昆虫类、鱼虾以及各种水果、蔬菜都喜欢吃，因此饲料来源比较广泛。

第三，人工养殖蜈蚣条件要求低，养殖周期短，投资少，生长快，易管理，产量高，养殖设备简单，可因地制宜利用房前屋后、平房房顶、闲置房屋等场地进行养殖，一个洗衣盆就可养 100 条左右，一口缸可养 150 多条，一间房（200 平方米左右）可立体养殖 10 000 条左右。

第四，养殖效益可观。人工养殖的少棘蜈蚣体大、健壮、抗病力强，无传染病，繁殖力高，一年 2 胎，每胎 50 只左右，8 个月即可长成出售。

（三）人工养殖蜈蚣发展前景

蜈蚣作为传统动物中药材已有 2 000 多年的历史。近几年，随着蜈蚣药用相关行业的飞速发展，导致蜈蚣货源紧缺。综合国内市场行情，加上种植业长期使用化肥、农药，使野生蜈蚣资源逐年减少，价格逐年上涨，呈现供不应求的局面，一时难以满足国内外市场的需求，从而使人工养殖蜈蚣的特种养殖业应运而生。

蜈蚣作为传统中药的应用，一直受到国际医药市场的青睐，每年从我国大量进口，因此，蜈蚣已成为我国动物药材出口的紧俏产品。

我国基层农村自然资源条件优越，劳动力充足，发展人工养殖蜈蚣，不仅有利于农村产业结构调整，解决农村富余劳动力，为农民开创一条轻轻松松赚钱、稳稳当当致富的增收途径，同时给出口创汇也带来了更大的机遇，所以说人工养殖蜈蚣的发展前景十分广阔。

第二章
蜈蚣的生物学特性

一、蜈蚣的形态特征

（一）外部形态

蜈蚣体扁而长，全身由 22 个同型环节构成，整个身体为几丁质外骨骼所包围，长 60～160 毫米，宽 5～11 毫米。1 对触角，有感觉和嗅觉功能。单眼 4 对。爪发达，最末一对步足向后延伸，呈尾状。整个体躯可分为头部和躯干部两部分（图 2-1）。头部为感觉和采食的中心，躯干部为运动中心。

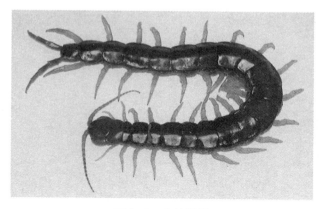

图 2-1　少棘蜈蚣

1. 头 部

头部为蜈蚣整个躯体的第 1 体节。头板呈圆形或饼子状或孢子状，扁平。头部的前端较窄，突出，长约为第 1 背板的 2 倍，角质，有光泽。头部共 6 节（即由 6 对体腔囊组成），但到长成时即消失。头部的附肢包括触角、大颚、第 1 小颚和第 2 小颚。头部具感觉和摄食的功能。

头部器官有眼、触角和口器、颚足等。颚足是猎取食物的主要工具，也称毒颚。头部的背面两侧各有 1 对集合眼，每个集合眼包括 4 个单眼。触角位于头的顶端，共 1 对，灵敏细长，有感觉和嗅觉功能。口器由 1 对大颚、2 对小颚、上下唇、舌等组成。

2. 躯 干 部

躯干部指从蜈蚣第 2 体节至尾部的部分。第 2 体节也称颈部，近似梯形，暗红色，有光泽。蜈蚣体形狭长，具许多体节及步足。蜈蚣身体的一个重要特点是具有几丁质的外骨骼，其分布在躯干部，不仅有保护内脏器官、防止体内水分蒸发、感受刺激的功能，并且还能和附着的肌肉一起完成各种运动动作。躯干部至少有 15 个体节，多的可达 21 个。每节的背面称背板，腹部的为腹板，背板和腹板靠两侧的膜状薄板（称侧面板）相连接。每个体节各有附肢 1 对，第 1 节有 2 对，其中第 1 对为颚足，两颚足的基部合成基板，其前缘有锯齿，末端有锐利的钩爪，一般称为腭牙、牙爪或毒肢等，内有毒腺，能排出毒汁。躯体自第 2 背板起为金红色、墨绿色和黑褐色。腹部下面生有 21 对步足，其形态结构均相同，呈黄色或赤褐色，每节都由 7 节组成，末端有一爪，行动迅速。生殖孔位于身体末端第 2 节上。最后一节为肛节，最后一对步足较长，称为生殖肢。

（二）内部构造

蜈蚣体内各系统的组成与其他陆生节肢动物基本相同，主要包括肌肉、消化、循环、呼吸、排泄、神经和生殖等系统。

1. 肌肉系统

主要由横纹肌组成，肌肉束的端点固着在几丁质骨骼内壁的固着点上，成为系列的肌序，在神经纤维的支配下，可做各种随意的复杂运动。最简单的肌序在触角上，可以发现肌肉的一端固着在某一触角节的近侧缘，另一端则固着在前一触角的近侧缘，按照这种方式节节相连。如果弯曲的时候，这个简单的肌肉系统也要在神经支配下发生相互对立的拮抗作用。蜈蚣步足本身的肌序（不包括步足与体节之间的肌肉束），包括举肌和下掣肌，肌肉束一端有一肌腱，肌腱的末端固着在跗节末端的固着点上。蜈蚣躯干部的肌肉系统十分复杂，它的复杂性与蜈蚣的似蛇爬行的运动方式相适应。

2. 消化系统

主要由消化道和消化腺组成。食物从口腔进入消化道，经机械作用和化学分解过程后，才能够被吸收和利用。蜈蚣的消化道简单，从口到肛门为一条纵贯身体中央的直管道，口后为膨大的咽，它的收缩有利于吸吮食物。咽后的消化道分为前肠、中肠及后肠三部分。前肠及后肠都很短，中肠却很长。前肠主要起着接收、运送及初步消化食物的作用。中肠是食物消化及吸收的主要场所，后肠担任形成粪便及运送粪便至尾节的肛门排出体外的任务。消化腺为一对葡萄状的唾液腺，通过唾液管开口于前肠，唾液腺能分泌含有消化酶的唾液。

3. 呼吸系统

蜈蚣以气管进行呼吸。气管是由体壁内陷而形成的弹性管状构成。气管有许多分支，分布在体内体壁的细胞与组织之间。气管在身体两侧有与外侧相通的开口称气门，它是气管形成时留下的陷口。蜈蚣共有6对气孔，分别在第4、6、9、13、15节上，其他各节的气孔都已退化，仅保留一点痕迹。各气门都具有关启装置，开启时气体出入通畅无阻，闭合时可防止体内水分蒸发及外物入侵。

4. 循环系统

为开管式循环。管状的心脏在消化管的背方，贯通躯干部，并被围心膜包围，由后向前进入头动脉通向头部各个器官。除前行的背血管外，还有一对侧动脉包围着消化管并在其腹面汇合成神经上血管。此外，蜈蚣除末端几节外，在每节都有一对心孔，心孔为血液从血窦进入心脏的开孔。

5. 排泄系统

蜈蚣的排泄器官为马氏管，是着生在中后肠交界处不分支的一条盲管。其盲端游离在血腔中，自血液中吸取代谢过程中所产生的废物送入后肠，由肛门连同粪便一起排出体外。

6. 神经系统

属链状神经系。包括1个脑神经节，有神经分布到触角和眼；2条神经连食道下神经节，有神经连大颚、2对小颚和颚足。此后则为2条后行的腹神经索和每节1对神经节，每对神经节又发出神经到每个体节，以调节身体的活动。

7. 生殖系统

蜈蚣为雌雄异体。生殖系统的生殖腺均在消化管的背侧，是单一的卵巢或精巢，由一条生殖管即输卵管或输精管，后来分为2条，绕消化道而下，分别开口于雌雄生殖孔。此外还有2对附性腺通生殖管的末端。雌性蜈蚣有2个受精囊，雄性蜈蚣有2个储精囊，它们皆通到输卵管和输精管的末端。雌性蜈蚣卵粒成熟时充满体腔，临产前受精囊内储有精子，在排卵时发育完全成熟的卵子，与精子结合，成为受精卵而排出。

（三）雌雄蜈蚣区别

蜈蚣的雌雄鉴别比较复杂，需从头部、体形等方面综合分析才能确定。

1. 雌性蜈蚣

头部呈扁平状而较大，步足比雄性好看而且更长。第21节背板后缘较平圆，体形较大、较宽，腹部肥厚，体质较软；腹板后缘平直，较宽。用手挤其尾部生殖区无生殖肢外露。

2. 雄性蜈蚣

头部背板隆起呈椭圆形，头比雌性小。第21节背板后缘稍隆起，尖形，体形较小，腹部较瘦，腹板后缘窄尖而圆，体质较硬。在其尾部生殖区胸板处有1对退化的生殖肢。

二、蜈蚣的生活习性

（一）活动特性

蜈蚣的活动受季节影响很大，不同季节的活动各具特点。即使在同一季节内，也因受温度、湿度、光照等的影响而不尽相同。

1. 季节性活动特点

蜈蚣的活动受季节的影响很大，具有明显的季节性特征。

晚春或初夏，蜈蚣蛰伏结束后，起蛰开始活动。当温度超过10℃时，蜈蚣从地下爬出，向上运动，并开始外出觅食活动，这时蜈蚣喜欢到有阳光的地方晒太阳，吸收太阳的热量，以恢复身体的功能。

初夏至初秋，这一段时间温度很高，蜈蚣的活动也最活跃，充满活力。蜈蚣在夏季里经常外出觅食，并出窝爬行，在温度较低时，出来活动更频繁；温度高、光线强烈时就躲在光线较暗、比较阴凉的地方。

到了秋天，随着气温的降低，蜈蚣的活动逐渐减少，活力也相对减弱，行动开始变得迟缓，一般不爱活动，且取食频率降低。在野外很少见到蜈蚣爬行。

冬季来临，当气温降至10℃以下时，蜈蚣已不在外面活动，开始钻入土中冬眠，为适应冬眠而把身体的新陈代谢降低到最低水平，一直到来年春天"惊蛰"前后再缓缓爬出地面开始活动。

2. 昼伏夜出特性

在夏季活动旺盛的季节里，可以观察到蜈蚣昼伏夜出的特性。在白天，蜈蚣往往在窝内活动，而到了晚上，常常爬出来活动、觅食及交配。晚上 8～12 点是蜈蚣活动的高峰时期，一般到凌晨 4 点前陆续回窝休息，天亮以后就难以见到蜈蚣了。这是蜈蚣适应自然的结果，因为在夏天夜里昆虫静止的多、活动的少，容易捕捉；再者晚上出来活动，相对比较容易避开天敌的攻击和人类的干扰。蜈蚣夜间活动时，上半夜比较活跃，而下半夜就回窝静止休息，因为下半夜气温已经降低不适宜外出活动。

夜间蜈蚣的视力很差，稍微远一点的东西都看不清楚，因此难于觅食及防御敌害，它只靠一对细长的伸向前方的触角探路行动。晚上外出也要靠触角来捕捉猎物进行觅食。

（二）自相残食

蜈蚣在饲养密度较大或惊扰较多的情况下，容易引起相互残杀而死亡。因此，在人工饲养条件下，应尽量改善其生活环境和饲养条件，提供足够的新鲜饲料、水源和一定的空间，避免对其惊扰，即使是养殖密度稍大，也不会对其生活产生过多的影响。

（三）胆小怕惊

蜈蚣喜群居，同群的蜈蚣能和睦相处，很少发生斗殴而自相残杀的现象。如果栖息地太小，蜈蚣太多发生拥挤时，老的蜈蚣会自动离开另寻栖息地。但是蜈蚣胆小怕惊，稍微受到惊吓就会停止摄食、弃窝逃走或蜷曲不动；正在产卵的蜈蚣会立即停止产卵，而孵卵的蜈蚣受惊后则一反常态把卵吃掉。所以，人工饲养蜈蚣，一定要选择安静的场所，尽量保持饲养环境清静，减少对蜈蚣产生不必要的惊吓干扰，以免影响蜈蚣的正常生长和繁殖活动。

（四）食　性

蜈蚣属肉食性动物，食物广泛，性凶猛，不但捕食弱小动物，还敢向比其体形大几倍的动物进攻。一般以各种昆虫及其幼虫和卵粒等为主要食物，尤善食小昆虫，如蟋蟀、蝗虫、金龟子、稻苞虫、蚱蜢、蜘蛛及各种蝇、蜂类的卵或蛹，也爱食蚯蚓、蜗牛等。当食物缺乏或水分减少时，也会采食西瓜、黄瓜、苹果等多汁瓜果，以及幼嫩青草、蔬菜等来维持生命活动。在人工养殖条件下，通常喂以黄粉虫、大麦虫、蝇蛆、猪肉、鸡肉、鸡蛋、泥鳅、牛奶、骨粉、复合维生素等作补充。注意喂给蜈蚣的食物一定要保证新鲜安全无农药化肥残留。

蜈蚣在捕食时，一般先摆动其灵敏的触角进行寻觅，一旦发现可口的食物，就会立即猛扑，迅速用其毒颚钳住，然后用躯体前面的几对步足将食物抱紧。当捕获的食物是活昆虫时，蜈蚣用毒颚钳住后便会释放出毒液将其麻痹，待其失去抵抗力后，即选择昆虫较松软的部位，用大颚撕咬、切割，同时用小颚不断扒动并吞食。

（五）舔　舐

蜈蚣经常用第一小颚末节及基节突起上的稠密绒毛、第二小颚末节背面上刷状的刚毛，以及口中吐出的唾液，去舔舐触角、步足，此外，也会把自己窝穴舔舐得干干净净。这种习性不仅可以保持触角和步足干净卫生，而且也可以排除寄生性小动物和细菌、真菌对躯体的侵害，是防御病害的一种本能性的表现。蜈蚣的这种舔舐习性，也表现在舔卵上，正在抱卵的雌性蜈蚣也会舔舐所产下的卵粒，以保持卵的清洁，防止霉菌的危害，从而保证卵粒能正常孵出小蜈蚣。

（六）蜕 皮

蜈蚣躯体结构的一个重要特点就是具有几丁质的外骨骼，整个躯体就是靠外骨骼来支撑的，但几丁质的外骨骼是不会生长的，所以过一段时间蜈蚣就要蜕一次皮，每蜕皮一次就会生长一次。蜕皮时先从头部开始，逐渐往后蜕，最后是尾部。一般每4～5分钟蜕一节，全部蜕完需要2～3小时。蜈蚣一生需要蜕皮11次才能长成成年蜈蚣。蜈蚣在蜕皮时需要安静的环境，一旦受到惊动就会增加其蜕皮时间，从而影响生长。注意蜈蚣在蜕皮期间最容易受蚂蚁等天敌的袭击，因此人工养殖蜈蚣一定要做好保护工作。

（七）种群关系

蜈蚣在野生的状态下，一般不会出现排斥和干扰的种群关系。在人工养殖条件下，若是饲养密度不大，蜈蚣能各自在自己的空间内捕食、生活，互不干扰影响，可表现出种群个体之间和睦相处的友好关系。但是，当饲养密度过大时，随着蜈蚣的活动范围缩小，行动受到限制，食物获得受到影响，这时就会产生种群内部的自疏作用，即通过种群内部的各种相互抑制现象，来降低种群的密度，从而达到新的平衡。这种自疏作用主要包括以下几方面：

1. 相互干扰

这是一种被动的自疏行为，完全是由于密度过大而造成的。一方面，蜈蚣在生活过程中，相互影响，拥挤碰撞，既影响正常的蜕皮、生长发育，也影响取食增重，从而导致生长发育迟缓。另一方面，雌蜈蚣在繁殖期间，相互干扰也会影响情绪，致使受精卵的发育受到影响，产下的卵孵化率降低，或孵出的幼小蜈蚣死亡率增高。正在抱卵孵化的雌蜈蚣，当受到干扰后，有的会爬走而停止抱卵，有的甚至还会把卵吃掉，使繁殖失败。

2. 争夺食物

在人工饲养条件下，由于饲养密度过大，往往会造成食物供给不足，这时有的蜈蚣个体由于得不到足够的食物而与已得到食物的个体发生争斗，产生互相夺食现象。有时个体之间夺食打斗现象非常严重，有的个体会致残、致死。

3. 污染环境

当蜈蚣饲养密度过大时，大量的粪便加上食物残渣堆积在窝内，就会逐渐腐烂发臭，很容易滋生各种病菌，还会产生大量有毒气体，污染环境，从而影响蜈蚣的生长发育。密度愈大，污染愈严重，对蜈蚣危害性就愈大，甚至造成饲养失败。

（八）繁殖特性

蜈蚣属自然卵生，其繁殖过程主要包括交配、产卵、孵化和育仔。

1. 交　配

蜈蚣一般生长到 3 年（3 龄期后），性腺发育成熟，即可以开始交配繁殖。交配期在每年的 5～9 月，交配时间在晚上 8 点至凌晨 4 点，其他时间一般不进行交配。性成熟的蜈蚣有发情求偶的表现，当雄蜈蚣闻到发情雌蜈蚣发出的气味后，就会靠近雌蜈蚣，用步足不停地抓雌蜈蚣，雌蜈蚣也反过来用步足抓雄蜈蚣，互相抓来抓去像"逗情"一般，最后雄蜈蚣就会爬到雌蜈蚣一侧的背面，一侧步足全部翘起，此时雌性很配合，一侧步足也翘起。少时，雄蜈蚣将生殖肢插入雌蜈蚣生殖孔内，经过微微振动后，慢慢注入精液，历经 2～5 分钟，交配即告完成。雄蜈蚣的精子生命力非常强，交配 1 次雌蜈蚣可以连续产受精卵多年或终生，多次交配的雄蜈蚣会因筋疲力尽而死亡。

2. 产　卵

野生成熟雌蜈蚣每年产卵 1 次，每年春末夏初，卵粒逐渐发育成熟，从 6 月中旬开始产卵，延续到 8 月上旬。6 月下旬至 7

月中旬为产卵旺盛期，产卵多半在夜间进行。产卵前，雌蜈蚣体色鲜艳，体态肥胖，腹部几乎贴近地面，行走缓慢，食量大增，喜欢钻洞；临产卵前1周左右，选择安全而适宜场所筑巢。其巢一般选筑在背风向阳、土质潮湿松软而不渍水的林间谷地或路边土坎、高岗陡坡上，或在树木或灌木丛根部，少数筑在石块或瓦片下面。

蜈蚣筑巢时，往往先用毒颚、口器和步足将土扒开，边扒边转身，用步足和身体将土向外推移，巢筑成后，常用松土从内部将巢口封闭，少数不封口。巢多呈椭圆球状，高约4厘米，横径6～8厘米，纵径45～55厘米，离地表3～30厘米不等。

蜈蚣产卵、孵化一般都在坑里进行，也有个别选择在凹凸不平的石块底下或树根附近产卵的。临产的蜈蚣常呈"S"形，盘曲在小土坑内。产卵时，尾部翘在身背板第8～9节上，卵粒一颗颗呈串状从生殖孔内产出，并落到背上。刚产出的卵呈柠檬黄色，椭圆状，大小为4毫米×3.5毫米，卵膜透明，略有黏性。每次产卵数量不等，一般20～60粒，多数为40～50粒。整个产卵过程需2～3小时。人工饲养的蜈蚣产卵数量比野生的多。

3. 孵　化

雌蜈蚣产卵完成后，即巧妙地翻身侧转，并用前面几对步足将卵团全数抱在怀中，并使卵团完全悬空，不和地面泥土接触（图2-2）。雌蜈蚣抱卵孵化时间长达43天左右。这一时间内，雌蜈蚣一直不离开卵团，精心守候孵化。抱卵的前2周雌蜈蚣不食不动，2周后开始用口器时行舔卵、润卵，并用步足配合口器经常翻动卵团，清除异物，使胚胎发育正常。若孵化期间受到惊扰，雌蜈蚣会把卵全数吃掉或者是弃卵而逃。

由于卵膜富有弹性，卵团孵化较慢，一般开始孵化的头5天内无明显变化，只是由米黄色逐步转为白色；当孵至15～16天后，卵粒变长呈肾形，从中间痕线处开始裂开，此时进入第1次蜕皮期，蜕皮的卵两头脱开；20天后第2次蜕皮，蜕皮后的卵

图 2-2　产卵的蜈蚣

呈月牙形，初具幼虫形态；35～40 天时，幼虫进行第 3 次蜕皮，此时呈乳白色，蛆虫状，长约 5 毫米。接着再经过 2 次蜕皮，幼虫发育成体色灰黄进而黄褐、体节背板呈淡黑的幼体蜈蚣。此时幼体蜈蚣虽然已能活动，不再抱成团，松散地集中在母体的腹面，但尚无独立生活能力，仍需要在母体怀抱保护下生活几天，待其能单独活动，自行觅食，然后母体方弃儿离巢，完成孵育。人工饲养的，这时可以将幼体与母体分离，把母体放到大群内让其交配，并充分喂食，给幼蜈蚣投喂小的昆虫饲料。

（九）生长发育

蜈蚣（蜈蚣种苗）在生产发育过程中，包括其产卵前，都伴随着蜕皮现象。每蜕皮一次，其体长均有相应的增长，当达到一定长度时，就不再增长，只能身体长粗，只有再蜕皮 1 次，体长才能再增长 1 次。每次蜕皮的全过程需要 3～4 小时。刚蜕皮的蜈蚣，外皮软而薄，头板与第 1 体节背板呈淡红色，其他背板呈绿褐色，光泽鲜艳，几天内几丁质薄层加厚，体色复原（图 2-3）。

图 2-3 正在蜕皮的蜈蚣

野生蜈蚣一生蜕皮 11 次，从受精卵到发育成熟，通常蜕皮 8 次，成体蜈蚣在开始繁殖后，仍有 2～3 次蜕皮。一般雄性蜈蚣比雌性蜈蚣蜕皮要早，幼体蜈蚣经过雌性蜈蚣抱卵孵化离开母体后，同年秋季蜕皮一次，同时体长达到 4～5 厘米，当年不再蜕皮，体长也不会再增长了。到了第二年的 7～8 月蜕皮一次，这时的体长可以达到 7 厘米左右，以后大约在每年的 8 月蜕皮一次，同时又长大一些。4 年后体长约 15 厘米。蜈蚣生长到第三年秋季，多数个体已经性成熟，第四年夏季即可产卵。成熟雌体可连续产卵 3 年。蜈蚣的寿命一般 6～7 年。在正常生活环境中，成体蜈蚣的体长尚可继续生长。在蜈蚣的自然群体中，幼龄蜈蚣的数量多于成龄蜈蚣，更多于老龄蜈蚣。雌体多于雄体，经调查，雌性约占 59%，雄性约占 41%。

在人工养殖的条件下，由于饲料充足，温湿度适宜，幼蜈蚣一般一个多月就蜕一次皮，每蜕一次皮就增大一龄。从幼虫到成虫，需经过 4～6 次蜕皮，9～10 个月体长就可达到 10 厘米以上，即 4～6 龄的成体商品蜈蚣。

（十）冬　眠

蜈蚣是低等冷血动物，它的一切活动常与环境温度相关，其体温也随着环境温度变化而变化。当环境温度为 11～15℃时，蜈蚣的觅食减少，停止交配、产卵。温度下降至 10℃以下时，蜈蚣则停止一切活动，便钻入松土中（或窝土中），蜷缩一团，进入冬眠（图 2-4）。其越冬潜伏的深度与气温、土温高低相关，在一般气温、土温条件下，多在土层 15～40 厘米处冬眠；气温、土温低时，可在土层 80～100 厘米处冬眠。若土温升高，不但可以推迟冬眠，而且只需在土层浅处冬眠即可。

图 2-4　蜈蚣蜷缩一团将进入冬眠

在热带地区蜈蚣是不进行冬眠的，在北方人工养殖条件下，养殖室温度保持在 15℃以上，加上保证充足的饲料供给，蜈蚣也不会进入冬眠状态。因此，也可以通过冬季加温饲养，延长蜈蚣活动生长期，达到不冬眠或推迟冬眠时间的目的。蜈蚣生长发育最适温度为 20～25℃，最适空气相对湿度为 15%～20%，最适饲养土湿度为 10%～15%。

三、影响蜈蚣生长发育的主要环境因素

通常影响蜈蚣生长发育的因素主要有温度、湿度、饲养土、光线和其他因素等。只有充分了解环境因素对蜈蚣的影响，创造出一个适合蜈蚣生长发育和繁殖的生态环境，养殖蜈蚣才会成功。

（一）温　度

蜈蚣属变温性动物，缺乏体温调节功能，体温只能随着周围环境温度的变化而变化，因此它的生活史，包括交配、产卵、孵化、生长发育以及休眠越冬等均需在适宜的温度下进行。

蜈蚣的体温随环境温度的变化而变化，环境温度低时，蜈蚣的体温也低；环境温度高时，蜈蚣的体温也随之升高。体温低时，蜈蚣体内新陈代谢水平降低，采食量减少，生长缓慢；体温高时，新陈代谢旺盛，食欲也旺盛，生长发育就快。因此，蜈蚣的生长发育严格受温度所限制。

当环境温度低于 10℃时，所有龄期的蜈蚣都蛰伏冬眠，停止生长发育；当温度降至 –5℃时，就容易被冻死。当温度上升到 15℃以上时，蜈蚣逐渐出蛰开始活动；当环境温度上升至 20℃以上时，离开母体的幼小蜈蚣及成年蜈蚣均开始生长发育；当环境气温升至 25℃以上时，蜈蚣则进入生长发育高峰；当气温升至 35℃以上时，所有龄期的蜈蚣均减少活动，幼小的蜈蚣停止生长发育；温度升至 39℃以上时，蜈蚣因体内失水而开始出现死亡；当温度高于 40℃时，则因严重缺水使身体干枯而大批死亡。自然界中野生蜈蚣的活动，受季节变化的影响较大，在

四季温差明显的温带地区尤为明显。

霜降以后，气温下降到 10℃ 以下时蜈蚣开始入蛰（11 月底），直至翌年 3 月底惊蛰后蜈蚣才开始复苏，大约有长达 5 个月的蛰居期，蜈蚣既不取食，也不生长。在人工养殖条件下，人工控制小环境的温度，可使蜈蚣无冬眠期，一年四季均处于生长发育状态。

（二）湿　度

湿度也是蜈蚣生长发育的一个重要条件。湿度的变化，包括空气湿度以及饲养土壤湿度。

空气湿度及饲养土湿度偏高或偏低都会对蜈蚣的正常生理活动以及生长发育有重要影响。空气湿度偏低，蜈蚣蜕皮困难，有的蜕不下皮而导致死亡，同时也会导致体内水分大量散发，轻则干扰破坏其正常生理活动，严重时则会因机体过多失水而虚脱造成死亡。空气湿度偏高，会滋生有害细菌和霉菌等病原微生物，诱发细菌性疾病和真菌性疾病，从而影响蜈蚣的正常生长发育。湿度不仅对蜈蚣的体表情况产生影响，也影响体内的水分平衡和各种各样的生理生化反应，给其生长发育带来不利的影响。一般情况下，蜈蚣生长所需的空气相对湿度为 65%～75%。

通常雌蜈蚣在怀卵期间，对土壤湿度要求较高，即要求土壤湿度在 10%～20%。低于 8%～10%，则会影响卵在母体内的发育，并可能导致雌蜈蚣的死亡，但湿度高于 20% 也会带来不良影响。刚离开母体的幼蜈蚣，适宜的土壤湿度是 10%～18%，过高则易发生湿热，影响蜈蚣的体内代谢活动，造成抗病力下降，生长发育受阻；过低则因体内水分容易散失而影响生长发育。1～3 龄的蜈蚣适宜的土壤湿度为 10%～15%，低于 8% 则发育迟缓，高于 25% 时则容易发生疾病，并导致较高的死亡率。

人工养殖条件下，应根据不同的季节和不同阶段的蜈蚣，采用干湿温度计来测量，并调节好饲养土湿度以及环境湿度，以更利于蜈蚣的生长发育。

（三）饲养土

　　蜈蚣的产卵、孵化、生长发育等一切生长活动都离不开饲养土，饲养土为蜈蚣提供舒适的住所，冬天可以保温，夏天可以避暑，同时蜈蚣还可以从饲养土中吸取水分和养料。蜈蚣对饲养土的适应性较强，人工饲养时，选择沙土、壤土都可以，但要求饲养土必须疏松、肥沃、潮湿，并含有比较丰富的腐殖质和一定的有机质，不仅要吸水保湿，而且长期浇水也不硬化、不板结，没有被化肥、农药等污染，酸碱度呈中性，一般以采用菜园土作饲养土最好。不宜使用黏土作饲养土，因为黏土易于板结，蜈蚣难于入内，再者由于土质黏性较大，还会粘住蜈蚣的步足和口器，从而影响蜈蚣的爬行和取食活动。

　　制备饲养土时，先选择无农药、化肥污染的菜园地挖取土，把其捣碎，并除去土中的杂质、石块、瓦片等，然后放置在太阳光下暴晒消毒，以杀死土中的蚂蚁、螨等昆虫和虫卵，以及病菌和霉菌，减少蜈蚣的病虫害，晒干后备用。

（四）光线

　　蜈蚣喜暗怕光，尤其害怕强光的刺激，但它仍然需要一定的光照，以便吸收太阳光的热量，提高消化能力。一般情况下，蜈蚣对弱光有正趋性，对强光有负趋性，但蜈蚣最喜欢在绿色光下活动。因此，在人工饲养下，一定要创造条件，根据蜈蚣不同生长发育时期的需要，提供适宜的光照。

（五）其他

　　蜈蚣对各种具有强烈气味的物质，如油漆、汽油、煤油、柴油、沥青以及各种化学品、农药、化肥、生石灰等有强烈的回避性。另外，自然界中存在着许多危害野生蜈蚣的天敌，有些天敌只是在白天危害蜈蚣，如鹅、家鸡、家鸭、野鸡、家鸽、啄木鸟和各种燕子，还有喜鹊、乌鸦、麻雀以及各种雀类等；有些是昼夜均能危害蜈蚣，如壁虎、蜥蜴、蛇、蛙等；还有些能危害入蛰休眠的蜈蚣，如老鼠，尤其是在人工养殖环境中蜈蚣处于休眠状态后，一旦有老鼠进入养殖室，则危害更为严重，仅在一昼夜便可以吃掉或致残数以百计的入蛰休眠蜈蚣，有的养殖室蜈蚣甚至会被全部吃光。

第三章
蜈蚣饲养管理

蜈蚣是一种野生动物，对环境生存条件和食物要求都比较严格，因此，人工养殖必须根据蜈蚣的生活习性和生理特点，因地制宜地选择养殖场地和确定养殖方法，尽可能给蜈蚣创造一个保持野生状态的环境，科学饲养管理，以提高养殖效益。目前我国蜈蚣养殖方法主要有半自然状态下的室外人工养殖和室内条件下的全人工养殖 2 种，在饲养管理上各有不同。

一、养殖场规划与建造

（一）场地选择与布局

人工养殖蜈蚣，除了利用已有的房舍和塑料大棚等设施，经过改造后进行养殖外，对于新建造的养殖场舍，都需要重新进行选址和合理的布局。

1. 场址选择

第一，人工养殖蜈蚣的场址要求被风向阳，在平原地区建场一定要选择地势高燥、保水保温、抗旱抗涝、土质为沙质壤土（沙壤土渗透性好、环境稳定，容易调节窝内湿度及通风状况）、地势稍向南的地方；在山地、丘陵地区一定要在山的南坡向阳面上（但坡度不宜过大）建场，切忌在山口迎风处建场。如果坡地的北边和西边有高出场地5米以上的自然避风屏障更好，可以避免冬季西北风的侵袭，一方面利于养殖房的保温，另一方面在雨季，尤其是下暴雨时养殖场房不易被大水淹浸，其室内湿度主要靠人工调节。

第二，要考虑建场的环境条件，山区要选择梯田或相对平坦的山场，周围林木要离开养殖场围墙10米以外，避免遮阴或树根扎入场区影响修造养殖池。平原地区除选择地势高燥、排水良好的地形外，还要考虑周围有无产生有害气体的化工厂、加工厂等。同时还要注意避开蜈蚣的天敌，如蚂蚁、老鼠、蛇等。场地要求没有受到农药、化肥等有害物质污染，场地周围没有畜禽等养殖场，以免病原微生物的传入。土壤以微酸性至微碱性为好，以pH值在6.5～7.5为宜。水源要清洁，一般使用合格的自来水或深井水均可，未消毒和不清洁的池塘水不能使用。

第三，场地的大小应根据自身的经济条件以及未来的发展情况灵活掌握，如果场地太小，会限制今后的发展。场地选大点，则有一定的发展余地，可以有计划地安排场内饲养设施的建设，从而达到比较理想的规划状态。

第四，为便于管理和生产，应有可靠的电源供应。

由于蜈蚣养殖具有长效性的特点，因而养殖场地条件也应该具有长期性和稳定性。

2. 规划布局

选择好场址后，要进行场地的平整与划区布置。

选择在平原地区建场时，只要将场地垫平，清除小树和杂草、石块，建起围墙就可以规划建造饲养房（池）和其他设施；山区建场时需要把场地先进行精耕细作：即将山地翻耕30厘米左右，拣出土中的石块，清除杂草及树根等杂物，并将土层整细平好后即可进行场地划区。划区的目的是将大场地划成小场地，便于按小区营建排灌渠，以利于排水及管理，同时还便于在小区内进行规范化修建饲养房（池）。小区的划分应以场地的大小、形状来定，一般大的场地可按 10 米×5 米，小的场地则按 10 米×3 米或 6 米×5 米、5 米×5 米的规格。对于不规格的可以切割取齐，在切去的部分建造配套设施，也可以再划分成特别小区，进行布局。

总之，要根据养殖场的地形，结合饲养规模和建筑要求划分小区，尽量做到整齐、简明、集中、合理、方便，充分利用现有场地，以保持最大限度的规模饲养。

（二）养殖方式

蜈蚣的人工养殖方式多种多样，按养殖环境分为室外养殖和室内养殖两大形式。室外养殖有野地养殖法、室外自然状态池养法；室内养殖按规模大小分为小规模和大规模养殖：小规模养殖主要有盆养、箱养、缸养，大规模养殖主要是池养；按房屋类型分，有房舍养殖、塑料大棚养殖；按供热方式分，有常温养殖、加温养殖等。这些方法都是我国劳动人民根据蜈蚣的生理学特性经过长期的生产实践应用创造出来的，各具特点，在生产实践中要根据自己的实际情况加以选择，无论选择哪种养殖方式，都要坚持一个基本原则，就是需要模拟蜈蚣的自然生活环境，为其创造一个舒适的生活条件，以保证蜈蚣能进行正常的生长发育繁殖，使养殖效益最大化。

值得注意的是，以上养殖方式，尤其是室内人工养殖方法，在生产中一般不单独使用，而是需要综合两种或多种方法一起使用，这样饲养效果会更好。

1. 野地养殖法

一般于冬季选择在有蜈蚣经常出没的地方，挖一条长宽不限的小沟，沟内放置一些碎砖和动物肉残渣、骨头、肠、鱼刺、鸡鸭鹅毛等，其上覆细土。当蜈蚣嗅到气味后，就会聚集而来在沟内栖息、繁殖，到来年春天即可进行捕捉，一般每隔 1～2 天可翻沟捕捉 1 次，每次捕捉后再补充新鲜的食物，并覆以细土，以便继续捕捉。清明前后是捕捉蜈蚣的最适时节。此外，还可用铁耙于乱石堆、树根、荒草和岸滩处捕捉蜈蚣。

这种方法简便易行，可以解决种源问题，特别适合初次饲养蜈蚣者和那些没有专业饲养条件的人。

2. 室外半地下式生态养殖法

该法是在庭院内或选择一处地势较高、比较平坦的地方，修建半地下式小型养殖池即生态养殖池来养殖蜈蚣。一般池宽不超过 2 米，长可以根据饲养规模而定，但要求每 2～2.5 米做一个单元。地下部分深度为 1 米，前墙高 50 厘米，将离地面 20 厘米高处砖缝处理成内外相通的出入口，以便蜈蚣出入（图 3-1）。

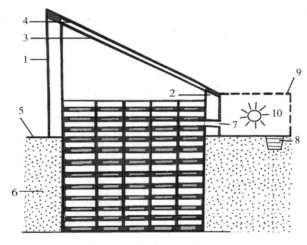

图 3-1　蜈蚣生态养殖池

1. 小温棚后墙　2. 小温棚前墙　3. 内层薄膜　4. 外层薄膜　5. 地平面
6. 土层　7. 蜈蚣出入口　8. 水沟　9. 防护网　10. 诱虫灯

蜈蚣出入口的通缝高 2～3 厘米，长度可视饲养数量来定，对于饲养量大的，可以多留一些，饲养量小的可以少留一些。后墙高 1.3 米，两侧墙为坡形。墙的厚度可以为 12 厘米，但必须以水泥砂浆来砌墙，这样比较牢固。顶部用双层塑料薄膜覆盖，两层薄膜间距为 6～12 厘米，保温性能好。

地下部分垒成砖垛，砖垛与油壁间留 1.5～2 厘米的缝隙，便于蜈蚣进出。砖垛可以高出地平面，也可以与地平面平行。上层砖与下层砖四角中间垫上 1.5 厘米厚的泥垫，使砖与砖上下、左右都留有缝隙。砖垛每 24 厘米见方上下也留有缝隙，以使蜈蚣可以自由活动。此种养殖环境很适宜蜈蚣生活，因池内砖垛上层温度高、下层温度低，蜈蚣感到热的时候，可以往砖垛的底层爬，栖居在砖垛的底层缝隙中；感到温度低的时候，可以往砖垛上层爬，栖居在上层缝隙中，故称之为生态养殖池。

一般可于蜈蚣养殖池前面修一小场区，场区外围修上深、宽分别为 25 厘米的水沟，并灌满清洁的水，一方面可以供蜈蚣饮用，另一方面可以防止蜈蚣逃跑。在水沟外围到小场区上空可用网眼 2 厘米×2 厘米的尼龙网或细铁丝网罩起来，这样既可以进入昆虫供蜈蚣食用，又可以防止天敌鸟类和老鼠的侵害。

在防护网内可吊上一只灯泡，到傍晚的时候打开灯，以引诱大量的昆虫进入，每到夜幕降临的时候，蜈蚣就可以从生态养殖池中爬出捕捉昆虫，这样饲料成本低，营养又全面，会大大提高蜈蚣养殖效益。

3. 室外自然池养法

此法是将蜈蚣养殖池建在室外进行养殖。一般选择比较阴凉湿润，背阳避风，僻静的山坡地方建池。可用砖、石、水泥等材料砌成高 80～100 厘米的池壁，池壁要用水泥勾缝隙，池的长宽大小根据养殖数量而定。大池内应分隔成"田"字形小池，以便分别饲养。池的四周应设排水沟，池底面不浇水泥，先垫上 6 厘米左右的细泥土，上面铺上细石块或碎瓦片，并留有隙缝，池内可以栽种杂草、树木等，并在池内放置上饮水盘，以给蜈蚣供应清洁的饮水，尽量创造一个适应蜈蚣栖息的自然生态环境；养殖池的池口四周可用玻璃片镶一圈 15 厘米宽、与池壁成直角的内檐伸出，防止蜈蚣外逃或其他有害的动物入侵。

　　第一批放养的蜈蚣可来源于野生采集，也可购买种苗。一般种苗应选择 3～5 龄性成熟的蜈蚣，要求体壮活跃，背乌亮而有光泽，雌雄搭配以 10：1 为宜，但在雌蜈蚣产卵孵化时应将雄性蜈蚣全部择出另养，池养蜈蚣的密度为每平方米 350～450 条为度。池内空气相对湿度以 60%～70% 较为合适，不宜超过 75%～90%。若湿度过大，蜈蚣易受病菌的感染和侵害，导致脱壳和饮食困难，不仅妨碍正常发育，而且会发生生理性病变，甚至不繁殖或少繁殖。池内温度应保持在 26～29℃ 间，夏季当气温上升到 40～42℃ 时，蜈蚣体内的水分蒸发迅速，应随时注意降温，一般方法是经常朝池内洒水降温保湿。冬季应向池内抛掷少许稻草以保温，给蜈蚣创造一个适合其生长的潮湿、温暖、饲料充足的良好环境。

4. 薄膜围壁式养殖法

　　这是一种室外饲养蜈蚣的方法。一般选择坐北朝南、背阴、土质疏松的地方，用砖砌成一个方形或长方形的水泥池，池壁高 50～70 厘米，面积可大可小。池内壁可用塑料薄膜覆严，接缝处要粘牢。薄膜要经常擦干净，不沾上污泥，保持光滑。池底加铺一层约 20 厘米厚的松软新土，上面用碎石、破瓦片铺叠，并覆盖些枯柴、烂草等，以供蜈蚣潜居和出入。池内也可栽种杂草、树木，四周修建荫棚种植藤蔓植物，以遮阳避光。考虑到在产卵期、孵化期需将雄蜈蚣、雌蜈蚣、幼蜈蚣分开饲养，池内应隔成"田"字形的小池，中间可用高 20～60 厘米的玻璃做壁。养殖池的四周要挖好排水沟，以防止池内积水（图 3-2）。

5. 房养法

　　这是一种室内养殖法，一般在庭院内外选择一定大小的场地，建设坐北朝南的简易饲养房，即用土坯或旧砖等砌成单坡式或双坡式房屋，也可以砌成平顶房，要根据房屋的大小和周边的环境而定。向阳面两边开窗，中间留门，大小视房而定（图 3-3），

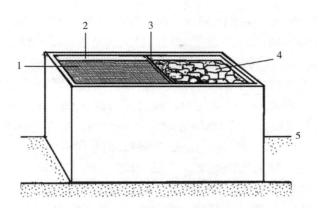

图 3-2　薄膜围壁式养殖蜈蚣

1. 封口铅丝网　2. 塑料薄膜　3. 隔池玻璃　4. 碎砖瓦堆　5. 地面

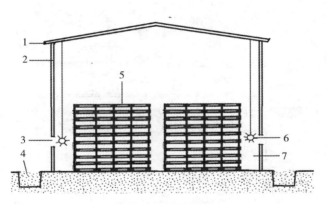

图 3-3　房养蜈蚣

1. 房顶　2. 墙壁　3. 进昆虫孔　4. 防逃水沟　5. 砖垛　6. 诱捕灯　7. 室内走道

窗户均用塑料窗纱封住。离地面 30 厘米左右的墙壁上可留一些小孔洞，以供昆虫进入，也便于室内空气流通及蜈蚣出入。也可以建造塑料大棚进行养殖。

　　在室内用新砖或土坯堆砌成一排一排的蜈蚣窝。砖或土坯上下留有 1.5 厘米宽的空隙，以供蜈蚣做栖居的窝用。砖或土坯之间前后左右也要留有一些空隙，以增大蜈蚣栖息活动的面积。蜈蚣养殖房外面，距墙根30厘米以外应修一条四周贯通宽25厘米、深25厘米的护房水沟，平时沟内要放满清水，既可以为蜈蚣提供饮水，又可以利用蜈蚣怕水的习性起到防逃的作用。

养殖房顶的向阳面可用玻璃做顶，以便冬季采光提高室内温度；背面可用瓦或草做顶。房的四周留有50～100厘米宽的空间，种蜈蚣投入后，可不必经常投喂食物，用灯光引诱昆虫在这里繁殖产卵，为蜈蚣提供天然饲料。但建房初期，若没有很多昆虫在这里繁衍的情况下，先投一段时间饲料。随后根据情况补饲，待昆虫幼虫多的时候，可以不再投给饲料（图3-4）。房内可安装几个15瓦的灯泡，晚上开灯，打开纱窗，以引诱昆虫，成为蜈蚣的天然饲料。

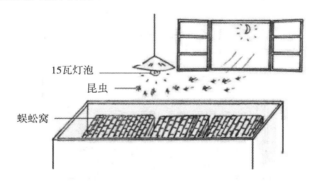

15瓦灯泡
昆虫
蜈蚣窝

图3-4　引诱昆虫

房养蜈蚣主要是加强对天敌的防范，即防止飞鸟、老鼠等天敌进入侵害。所以最好在饲养房的四周、水沟以外，与饲养房同高，用尼龙网围起来，这样一般昆虫可以进去，而飞鸟和老鼠等天敌都不能进入。

6. 箱 养 法

此法适合家庭室内小规模饲养蜈蚣采用。饲养箱体可用木板或塑料板制作。为方便搬动，箱子的大小以长60厘米、宽40厘米、高30厘米为宜。箱的内壁同样要贴衬上15厘米宽的玻璃贴衬防逃带或贴衬 1 层无毒的塑料薄膜，箱口上面配置 1 个铁纱窗盖（图 3-5）。

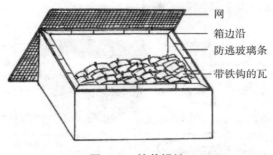

图 3-5 箱养蜈蚣

养箱的选材与制作必须注意防逃以及避免用木箱受潮变形、破裂，所以可从塑料厂定做统一规格的塑料箱。塑料箱内壁若做光滑，蜈蚣不能爬出时，可以不贴衬玻璃或塑料薄膜防逃层。饲养箱制成后，箱底可以放 1 层 10 厘米厚的饲养土，饲养土上面可以叠放些瓦片，以 5、6 片为一叠，瓦片的两边缘用水泥、沙做成 1.5 厘米高的小垫脚，这样瓦片之间就有 1.5 厘米的空隙。瓦片放入前先要用水洗干净，再用 0.1% 高锰酸钾溶液浸泡消毒，然后用干净水冲去表层的高锰酸钾溶液。这样可以给蜈蚣创造一个潮湿卫生的环境。第 1 批瓦片放入一定时间后，再更换一批预先准备好的瓦片，以保持湿度和清洁卫生。

为充分利用室内空间，加大饲养量，提高饲养经济效益，可以制作一些 3～4 层（格）木质或铁质的架子，每层（格）高 50～60 厘米，把饲养箱摆放在架子上进行饲养。

7. 缸养法

此法适合家庭室内小规模饲养蜈蚣采用。常见的方法有两种，一种是用一般的陶瓷缸或水泥缸养殖，另一种是玻璃缸养殖。

（1）陶瓷缸养殖法 一般选择中型大小的陶瓷缸（缸底面积最好为 50 厘米×40 厘米），缸底放 10～20 厘米厚的饲养土，然后放上一层碎石子或碎瓦片，上面再盖一层20厘米厚的菜园土，在菜园土的表层再堆叠瓦片，最上层瓦片须距缸口20～25厘米，缸口再盖上铁纱盖（图3-6）。

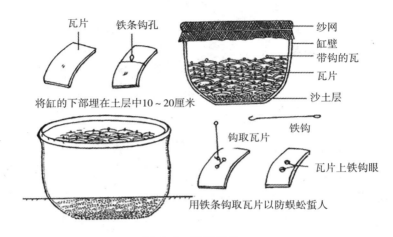

瓦片　铁条钩孔

纱网
缸壁
带钩的瓦
瓦片
沙土层

将缸的下部埋在土层中10～20厘米

钩取瓦片　　铁钩

瓦片上铁钩眼

用铁条钩取瓦片以防蜈蚣蜇人

图3-6　缸养蜈蚣

（2）**玻璃缸养殖法**　玻璃缸的制作规格一般为底面积40厘米×50厘米，高30～40厘米，过大则搬运不方便。为充分提高养殖室的利用率，可以做成三层的木架把玻璃缸摆放在木架上或将玻璃缸呈"品"字形摆放2～3层。玻璃缸的上口加盖铁纱网盖。缸内铺上松软细土，厚度可视季节而定，春、秋季一般10～15厘米，夏季5～10厘米，冬季15～20厘米，饲养土上同样放置一些碎瓦片或碎石块。在缸内的4个角可安装盛水槽，也可用玻璃粘制成三角形的小水槽，以供蜈蚣饮水。

8. 盆架养殖法

这是利用盆进行小规模简易的饲养方法。由于盆体积小、重量轻、搬动方便，适合在室内采用。通常在盆的底面铺垫一层沙石和饲养土（菜园土为宜），并拍实，然后在土的上面放置一些瓦片供蜈蚣藏身。铺垫好以后再放入种蜈蚣，定时投放饲料昆虫、蚯蚓等，也可投喂一些人工配制的饲料。

为充分利用养殖室的空间，扩大养殖量，通常制作些4层（格）架子，每层（格）高30～40厘米、宽40厘米，将饲养盆整齐地摆放在架子上。为了防止蜈蚣逃跑或老鼠等天敌的侵害，需要在盆口上盖铁纱网盖（图3-7）。

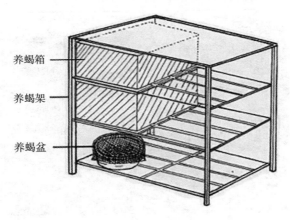

养蝎箱
养蝎架
养蝎盆

图 3-7　盆架养蜈蚣

在饲养蜈蚣过程中，如遇到天气长期干旱，盆内容易干燥，应经常在饲养盆内喷洒一些清洁的水，以增加饲养土和蜈蚣栖息环境的湿度，同时在室内地面也要洒水增湿。

9. 室内地下池养法

在室内建养殖池，规格根据养殖规模及房屋大小而定，大量养殖时一般建成长150厘米、宽100厘米、池壁高50～80厘米的标准池。池用砖砌成，并用水泥和沙抹缝（砖底渗水能力强，要比水泥铺地好）。为了有效地防止池内蜈蚣逃逸和其他敌害动物侵入，池内壁可用光滑无破损的塑料薄膜粘贴，或用玻璃片镶一圈15厘米宽与池壁成直角的檐。池底铺土5～6厘米夯实后其上面用砖头、碎瓦有规则的堆叠，留有缝隙以便蜈蚣活动。也可外面用砖块（24厘米×12厘米×5厘米），内部用同等大小的土坯砌成不同大小和多层的立体巢，砖与砖之间留有1厘米左右的缝隙，既可供蜈蚣出入，又可防止鼠类等侵入。此外，在池内靠墙壁的四周挖1条宽10厘米、深4厘米的水沟，并在沟的一角留1个排水口，在近水沟的里侧挖1条宽10厘米、深3厘米的料槽，供投放饲料用（图3-8）。

图3-8　室内地下池养殖蜈蚣

10. 无冬眠养殖法

又称恒温养殖，即通过人工控制蜈蚣养殖室室内温度，打破蜈蚣的冬眠习性，使其一年四季都处于良好的生长发育状态。

自然条件下，蜈蚣的冬眠期较长，蜈蚣若是长期处于低温状态下很容易被冻死。在冬季如果进行加温饲养，给蜈蚣创造一个适宜的环境，不但可以打破蜈蚣的冬眠状态，而且还能使蜈蚣持续生长繁殖，提高幼蜈蚣的成活率，大大缩短饲养周期。

恒温养殖最关键的设备是具有一定面积的可以加温、控温和有良好保温条件的暖房。暖房可以新建，也可以利用现有的普通民房、塑料大棚进行改造。但是，无论使用哪种暖房进行养殖，都必须符合以下四项原则：第一，经济实用；第二，具备加温和保温条件；第三，能保持较好的通风换气；第四，结构科学合理，便于管理。

11. 塑料大棚养殖法

该法除了夏天需要遮阴外，其他三季白天可充分利用太阳的照射，来提高塑料大棚内的温度，到傍晚时分，再及时用草帘覆盖塑料大棚以保温，尽可能缩小昼夜温差，能显著缩短甚至取消蜈蚣的冬眠期，延长蜈蚣的生长时间，提高养殖效益（图3-9）。

图3-9 前后坡式塑料大棚养殖蜈蚣

塑料大棚养殖须注意天气的变化：遇有冰雪天气，要及时采取临时的加温措施，尽量避免蜈蚣冬眠。但要注意蜈蚣一旦冬眠，就不要轻易把它唤醒；如果蜈蚣一个冬季里反复冬眠，则会造成较大伤亡。春天来临，气温升高，要注意及时通风，一则补充新鲜空气，二则防止棚内超温。夏季来临，需要及时揭开塑料薄膜，换上遮阳布，或用草帘进行遮阳处理。

（三）养殖设施

1. 养 殖 房

房舍室内养殖是目前蜈蚣养殖最为常见的方式，也是最为成功的方式，不管是从调控温、湿度等方面还是从其他管理方面都好控制，而且避光、避雨性强，隔音、防逃效果好，养殖量也大。若条件允许，可兴建专用的蜈蚣养殖房。

若是有空闲的旧房屋或是废弃的学校教室则更好，稍加改造后即可进行养殖。新建的养殖房一般高 2.5 米，宽 4 米，长视地形而定，一般为 5～10 米，墙厚 25 厘米左右。房顶可建成普通的平顶式或双坡式，若资金充足，可直接采用配有保温泡沫的钢瓦；或是采用水泥瓦做成夹层填实，构成绝热层。

在向阳面采用玻璃或双层聚氯乙烯无滴薄膜做顶，这样房内阳光充足，也利于冬季的升温。背阴面可用水泥瓦做顶。房的正面开一门，门的大小能使 1 人通过即可，门四周与门框之间不可留有缝隙。西、北面留窗户，窗向外开，窗上安一层具有细小纱孔的窗纱，以利于空气流通，还可防止蜈蚣逃跑和外界天敌入侵。

自然光还可通过窗户照射进入养殖室，以利于蜈蚣的生长发育和繁殖，也利于蜈蚣孵仔。房屋室内距地面 50 厘米高的四周墙面要用无缝且厚的塑料膜或是光滑的塑料薄膜围起来，也可采用 3 厘米厚的玻璃块贴墙，或是在墙面四周贴 1.5 米高的瓷砖，然后用封口胶粘贴好瓷砖之间的缝隙即可。

平时勤检查，发现破损及时修补或更换，以防蜈蚣外逃或敌害入侵。养殖池或立体养殖架则设计在室内两边，中间留出一条 60 厘米宽的人行通道，以利于管理工作人员的安全。需注意的是，由于蜈蚣的视力较差，只凭头上的触觉捕食及感知外界，其气门长在腹部，若是采用水沟防逃，稍深点的水都会造成蜈蚣下水而窒息死亡。因此，防逃措施最好不要采用水沟。

2. 日光温室大棚

日光温室实际上就是借光式温棚和加温温室的有机统一，使自然采光和人工加温相结合：白天最大限度地使日光通过薄膜进入室内，使这一部分光线被吸收，转化为热能，夜间利用燃料人工加温，从而使室内保持蜈蚣生长发育所需要的恒定温度。

（1）**建造材料**　选择建造日光温室的材料，应根据温室的结构和投资大小而定。考虑经济因素和保温效果，一般以砖木结构为宜。温室所需要的材料主要有砖、水泥、细沙、珍珠岩（保温材料）、中柱、土壤、椽子、木板（1厘米厚）、稻草、竹子、铁丝、塑料薄膜、压膜线、草苫等，这些都要提前准备好。

（2）**架构参数**　温室结构（图3-10）要设计的科学合理，以有利于加温和保温。日光温室各部位的结构参数列举如下，供参考：棚高2.5米，内侧跨度5米，屋面角25°～28°，后屋面仰角35°～40°，棚高与跨度比为1:2，前棚面与后棚面比例为4:1，墙体厚60厘米以上，后坡厚30厘米以上，草苫厚3～5厘米。

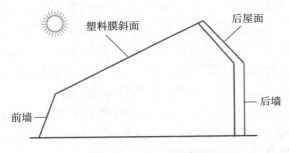

图3-10　塑料温暖棚示意图

（3）**日光温室结构**　日光温室主要由墙壁、火道、走廊、蜈蚣池、顶棚、进气孔和天窗等部分构成。

①**墙壁**　为了保温，日光温室的墙壁宜采用双层夹心式，即外层建24厘米厚的墙，内层建18厘米厚的墙，中间留18厘米宽的夹缝，用蛭石或珍珠岩等保温材料填充。

②**火道**　日光温室可以采用低架环绕多面散热式火道。火膛建于室外，火道内径20厘米左右，高于地面12厘米，沿温室内侧环绕一周，后通入烟囱。为了促使火道内热量的顺利传

递，火道应呈缓坡式抬升，即入口处最低、出口处最高。面积为
40～60平方米的温室，需配备一组火道。

③走廊　为便于管理，蜈蚣池四周应留出人行道，宽度以
50～60厘米为宜。

④蜈蚣池　室内留出人行道后，剩余部分用来建造蜈蚣池。
由于室内不同区域的温度有一定差别，蜈蚣池的位置应以能充分
利用室内最佳温区为原则。据测定，距地面80厘米高度的地方
属最佳温区，所以，蜈蚣池底面以高于地平面70厘米左右为宜
（垛体有一定的高度）。

⑤顶棚　建成起脊式，用中柱支撑。南坡用竹子做骨架，扣
以塑料薄膜，上覆草苫。北坡用土壤、椽木建造，上覆木板、稻
草等物。

⑥进气孔与天窗　为了创造一个良好的空气流通环境，应在
日光温室内设置进气孔和天窗，以保证室内有足够的新鲜空气。

进气孔的内径一般为20厘米，设置在主火道两侧，与主火
道平行。这样，室外部分冷空气进入室内时，先通过火道近旁高
温的加热而变暖，不会因空气流通而降低室温。天窗设在北坡，
间隔5米左右的距离。天窗大小以40厘米见方为宜。绕室外四
周挖一圈宽50厘米、深40厘米的水沟，平时水沟里要放满水，
以防止蚂蚁及老鼠的入室侵害。

3. 养殖箱

使用箱养法养殖蜈蚣可购买塑料养殖箱，也可以自行制作
养殖箱。养殖箱可采用木板或纤维板加工制成，大小以长100厘
米、宽50厘米、高40厘米较为适宜，箱内壁贴上一层无毒塑料
薄膜，箱口配一个铁纱箱盖。箱制成后，放在室内适当的位置，
多个箱则排放好，箱底放多层瓦片，瓦片上下间距为1.5厘米左
右，用水泥在四周垫脚，通常5～6片为一叠，这样瓦片间留的
空隙可供蜈蚣栖息。箱的中间不放瓦片，这里是蜈蚣摄食活动的
场所。瓦片入箱前，要用水清洗干净，并吸足水，以便为蜈蚣创

造一个潮湿的环境。而且一定时间后更换一批预先制作好的新的瓦片，以保持湿润和清洁卫生。

为节省占地面积和充分利用空间，可以制作立体多层养殖箱进行养殖。一般木箱或木槽高20～30厘米、宽30～40厘米、长度因地制宜，在箱的上口四角及中间竖起多根长约10厘米的小木条，并用特定网眼的纱网制成像蚊帐式的网罩将这些小木条围绕上，在面向操作的一面留个操作门。将加工好的木箱放置在与之匹配的多层木架上，组成立体多层养殖箱。

4. 饲 养 土

人工养殖蜈蚣饲养土是不可缺少的，饲养土能给蜈蚣提供适宜的条件和住所，冬天保温，夏天避暑，同时蜈蚣还能从土中吸取水分和养料。蜈蚣虽然对饲养土的土质没有很高的要求，对土壤的适应性也较强，沙土、壤土都可以，但要求饲养土疏松、肥沃、潮湿，而且保温、保湿性能好。最好用菜园地没有施过化肥的土壤，忌用黏土，否则土易板结，既不利于蜈蚣入内，又易粘住其足和口器，影响爬行和取食活动等。土取回后要拣去杂质、石块、瓦片等，然后放在强烈的阳光下，反复翻晒2～3天，直到晒干，这样既便于贮存，又能晒死土中的蚂蚁、螨等昆虫及虫卵、病菌和霉菌。土晒干后贮存备用。

若找不到菜园土，可以采用以下配方来配制饲养土：腐殖质土2份，河沙1份，混合均匀后置于太阳下暴晒3～5天，过筛后备用；或取田地熟土30%、沙土30%、黄沙20%、煤灰渣15%、石粉5%，混合粉碎过筛，暴晒3～5天，装好备用。

使用饲养土时要晒水调节好湿度，一般含水量要求控制在10%～20%。冬天和梅雨季节湿度要低些，夏天湿度要高；大蜈蚣和产房内的饲养土的湿度可以大一些，小蜈蚣的饲养土湿度要小一些。在饲养过程中做到湿则少喷水，干则多喷水，万不能过量。每次喷水时宜做到少量多次，尽可能均匀，不要见到明水，也不要喷到蜈蚣身上，特别是正在卵化的雌性蜈蚣和小蜈蚣身上，会因受水刺激受凉而病亡。所用的水不要直接使用城市的自来水，若没有其他水源，要将自来水暴晒2～3天再使用，最好是清洁的地下水。

在投放饲养土时，要提前调整好湿度，再将疏松的饲养土铺衬在养殖容器或者设备内，铺设的厚度一般春季为10厘米，夏季8厘米，冬季15～20厘米。饲养土每年春天要更换一次，平时因清扫粪便丢失了少量的饲养土时，可适当添加；发生疫病、蚁害或螨害时，饲养土要及时全部更换，而且还要进行彻底消毒。

5. 垛 体

垛体是蜈蚣栖息和活动的主要场所，也是补充体内水分和矿物质的主要渠道。蜈蚣的生长发育、蜕皮、产卵、孵化都离不开垛体，因此垛体的选择必须合理。

（1）垛体建造原则

一是垛体内留有适当的空间。垛体内要设计许多缝隙，形成无数小空间，以便给蜈蚣提供能相互隔离的栖息场所。

二是便于控制湿度。垛体必须便于加湿，以有利于垛体内保湿。

三是垛体的高度合适。垛体在条件允许、方便的前提下，垒得越高越好。

四是防逃。垛体周围要设置防逃围墙，二者距离不得小于12厘米，防止蜈蚣外逃。

（2）垛体类型　目前在实际生产中，养殖蜈蚣的垛体形式主要有瓦片式立体垛体、砖块和瓦片式立体垛体、纸制蛋托式立体垛体、巢格板式立体垛体、石棉瓦式立体垛体等。

①瓦片式立体垛体　即用瓦片交错排列形成的多缝隙的墙体，缝隙宽3～5厘米，高1～1.5厘米。垛体高度低于蜈蚣池的高度，垛体所占的面积约为池底面积的2/3（图3-11）。

也可以用瓦片或砖块错落有致地围成2～3立方米的空间，砖块或瓦片之间留有1厘米大小的空隙，以便蜈蚣在其中生存和栖息，空间里面放置饲养土（图3-12）。

②纸制蛋托式立体垛体　即用纸制蛋托制作成的垛体。摆放纸制蛋托时要一块一块摆放，同时要保证其间留有缝隙，以便蜈蚣能自由进

图3-11　瓦片式立体垛体

出觅食活动。无论如何摆放蛋托，都要注意有规则地摆放，以防倒塌（图3-13）。使用纸制蛋托制成的蜈蚣栖息床不但轻便、成本低，而且有利于保湿和通风，蛋托中的半圆形的凹陷还是天然的蜈蚣窝。

③巢格板式立体垛体　即用巢格式水泥板作为蜈蚣栖息床而搭建起来的垛体。巢格式水泥板一般分为两排，每排5个凹巢，每个凹巢长约7厘米、宽约3厘米，整体形成了10个单间的构造（图3-14），每个单间内一条蜈蚣，互不干扰。制作巢格式水泥板时按单层造，使用时可将巢格式水泥板垛多层。该种垛体占地少，能充分利用空间，并且容易管理。

④石棉瓦式立体垛体　即用石棉瓦作为蜈

图3-12　砖块和瓦片式立体垛体

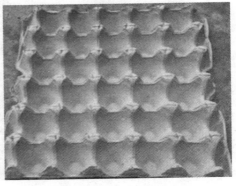

图3-13　纸制蛋托栖息床

图 3-14 巢格式水泥板

蚣栖息床而制作成的垛体。在摆放石棉瓦时，层与层之间要用土或其他材料垫起 2～3 厘米，使石棉瓦之间形成一定的空间，以供蜈蚣藏身栖息（图 3-15）。

无论采用何种材料建造垛体，都必须先用清水洗刷干净，除去泥沙、异物，然后用 1% 盐水浸泡 1 小时，或 0.1% 高锰酸钾溶液浸泡 10 分钟，以清除黏附在上面的病菌和寄生虫，最后再放入清水或冷开水中浸泡，待湿透之后再取出备用。但要注意不能把用药水浸泡后的垛体材料放置在阳光下暴晒，以免因为材料

图 3-15 石棉瓦式立体垛体

过分干燥不保湿，同时也容易分解出亚硝酸盐，改变垛体的酸碱度，对蜈蚣造成危害。

（四）其他配套设施

1. 投料设施

饲养蜈蚣的饲料常常是一些活的小动物，有些在饲喂时必须切断或切碎，这些饲料动物在蜈蚣摄食前往往遗留下一些黏液、粪便及多汁的软组织等污染饲养土或运动场，既难清理又容易引起病原微生物的繁殖而发生疾病，因此给蜈蚣投饲料时常常设置饲料盘。蜈蚣的饲料盘可以使用瓷盘或塑料盘，也可以使用薄木板。一般饲料盘用大瓷盘或干净长方形塑料盘，在饲养箱里可以多放几个，达到每个蜈蚣都能有位置。饮用盘一般可以选择小碟子，饲料用具要每天清洗一次，每星期消毒一次。

2. 饮水设施

饮水也是蜈蚣的生命活动之一，因此蜈蚣养殖场（池、箱）内一定要设置供水设施，常用的供水设施为塑料浅盘或瓷盘、小碟子，供水时用比较致密的海绵吸足清水之后，放于塑料浅盘或瓷盘上让蜈蚣自行饮水（图3-16）。一般每个养箱内需要放5个以上，分布在箱内各处。饮水用具也要每天清洗，定期消毒，以

图3-16　饮水盘放置

保持清洁卫生。

3. 供湿设施

蜈蚣场地的供湿包括两个方面：一是空气供湿；二是土壤供湿。对于室外养殖来说，土壤湿度的控制主要是通过养殖池底的渗水、饲养土的喷水与排水以及通风等几个方面来进行，这些问题往往在场地建筑时就要考虑好；而室内养殖，饲养土的湿度则可通过利用喷水、洒水设施，渗水、排水设施来控制。尤其在冬季，由于室内外温度差较大，室内空气与饲养土之间的温差也大，这样极易使饲养土的水分挥发，从而加大了保持饲养土湿度的难度。解决此问题的最好办法是在室内立体养殖时，最好在养殖池的底部增加供湿设施，如自动渗水管等。

4. 供热保温设施

对于跨年度生产的养殖场来说，在建设养殖设施时，就应该考虑给温设施。一般供热设施有地龙式、火龙式等，条件许可时还可以因地制宜地使用锅炉暖气等供热设施。如果采用地龙或火龙式供热设施，最好在养殖池的两边，沿池的长轴方向各设置一条（套）或几条（套），以保持池内温度均匀。同时，在养殖池的空中、饲养土中及饲养土的底部中心，最好多设置一些温度计等。如果采用暖气片加热，最好将暖气片放置在房舍的长轴两边墙壁旁。同时，房舍的保湿性能也必须好。

在北方，人们采用火墙塑料大棚加温饲养法取得了较好的效果。此法主要是由北方家庭取暖用的火墙与种植蔬菜用的塑料薄膜大棚两种设施改进结合而成。要求先建设坐北朝南的九孔火墙（图3-17），火墙的北墙用土坯水平垒砌，以便更好保温。南墙用立坯垒砌，使墙壁薄，便于散热。火墙高以2米为宜，南北两墙组成槽形通道，一端与烧火口相通，一端与烟囱相接。通道内加挡烟墙隔墙8个，靠近火口一侧间距较小，其他隔墙间距依次加宽。第一挡烟隔墙的留烟孔在隔墙上端，第二挡烟隔墙的留烟口则在下端，依次类推，至第八挡烟隔墙边接通烟囱时为九孔火墙。

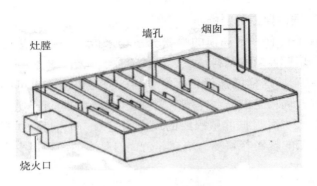

图 3-17　九孔火墙

　　墙建成后，沿火墙砌成高 0.4 米的小棚围墙，南北围墙呈斜坡状，西围墙上安装一个宽 0.6 米、高 1 米的外开小门。架设的棚架要平整坚实，架杆不影响采光。向南倾斜面用双层塑料薄膜覆盖。室内为养室，在室内基础围墙的上端镶嵌防逃玻璃条。在靠近火墙的一侧用砖、瓦片或煤渣码成蝎子栖息的垛体蝎窝。早晚利用火墙加温，小门加挂门帘，棚上覆盖草帘，白天则可揭去草帘，以利用太阳热给养室加温（图 3-18）。

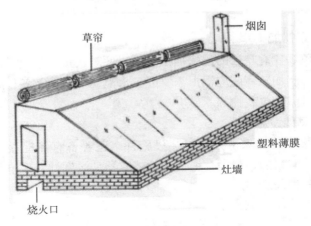

图 3-18　火炕加温饲养法

5. 饲料昆虫养殖场所

对于具有一定规模的蜈蚣养殖场来说，一般都是使用自家养殖场培育养殖的饲料昆虫，如黄粉虫、蝇蛆、地鳖虫、蚯蚓等（图3-19），这样既能保证蜈蚣饲料的充足供应，也可以降低养殖成本。饲料昆虫培育养殖室应建立在养殖场附近，昆虫培育养殖室的大小可根据养殖蜈蚣的规模而定，一个饲养10万条以上成年蜈蚣的规模养殖场，培育养殖饲料昆虫的面积最少应不少于30平方米。

A   B

图 3-19　黄粉虫饲养

A. 黄粉虫饲养架　B. 黄粉虫

6. 蜈蚣加工室

养殖场要有自己的蜈蚣加工室，以便对大量成年蜈蚣进行加工及取毒。加工室内应根据需要配备水池、干燥箱及各种必备的容器、机械、包装物等。

7. 其他设施

蜈蚣养殖场除了具备上述设施外，还要备有捕捉蜈蚣的镊子，盛放蜈蚣的塑料桶，增湿用的喷雾器，温度计，手电筒，蜈蚣蜇伤救护药品等。

二、选种与投放

（一）引 种

引种是蜈蚣养殖技术中的关键。蜈蚣种虫的来源主要有两个渠道：一是靠春季捕捉野生成体获得；二是从产地蜈蚣养殖场引进经驯化的种蜈蚣。种虫的标准是：虫体完整无损伤，体色新鲜光泽好，背面油光发亮，身宽体胖，性情温驯，活动和吃食正常，体长在 10 厘米以上。除去毒颚准备进行加工的商品蜈蚣，存活时间不会很长，不能留作种虫。

蜈蚣种虫最好在当地或附近捕捉，随捉、随养。若需从外地引种，一定要选择诚实可靠的商家或养殖场，引种时可用带盖的桶（如铁桶、木桶等）等容器运输。桶内盛放的种虫数不应过多，一般以每桶盛 20～30 条为宜。桶内应垫砖石、瓦片、泥土、树叶及枝条，以便蜈蚣隐藏，避免或减少其自相残杀，并保持一定环境湿度，给予适量食物（如黄粉虫、去翅的苍蝇等昆虫或其幼虫）。短途运送亦可不给食物；若长途运输或特殊需要精细运种，可利用试管或短竹桶，单条隔离放置运输。

蜈蚣引种的时间，一般在春末夏初比较合适。因为这个时候蜈蚣冬眠已经过了一段时间，而且蜈蚣已经交配完了，过早引种由于蜈蚣刚从休眠复苏不久，机体极度虚弱，此时又要在引种路上长途奔波，到目的地后还要适应新的生长环境，因此很容易出现问题。

刚开始引种饲养时一定不要盲目贪大求全，固定资产的投资尽量减少，不要一上来就建温室大棚、专用养殖房之类的设施，一旦蜈蚣养殖失败，这些硬件投资便成了摆设。所以养殖蜈蚣，要以最适宜的品种、最小的成本、最低的风险，获得最大的利益为准则。

（二）选　种

蜈蚣的种类很多，分为少棘蜈蚣、多棘蜈蚣、模棘蜈蚣、哈氏蜈蚣和马氏蜈蚣等。由于蜈蚣在我国分布有着明显的地理差异，受海拔高度和气候条件等因素影响较大，因此，在选择蜈蚣品种时必须了解其生态和生活习性，选择适合当地土壤、气候条件的种类养殖。一般来说，长江中下游各省可选择少棘蜈蚣养殖，南方各省可选择模棘蜈蚣养殖，海南可选择哈氏蜈蚣养殖，新疆、青海、西藏等地可选择马氏蜈蚣养殖，广西、湖北、浙江等地可选择多棘蜈蚣养殖，长江以北及西北广大地区可选择本地体形大、药用价值高的种类养殖。据有关资料介绍，目前我国各地养殖量较大、范围较广的蜈蚣品种是少棘蜈蚣。该品种主要分布在华中地区的江南和江北两地区，产量也高，占全国药用蜈蚣商品的99%以上，是人工饲养的好种类。

一般种苗应选择4龄左右性成熟的蜈蚣为宜。

（三）野生蜈蚣捕捉

捕捉野生蜈蚣要注意掌握时间、地点和捕捉方法。

1. 时　间

每年的春、夏、秋季节都可以进行，一般在每年3～4月间，尤以惊蛰至清明前捕捉的质量较好。温度较高时蜈蚣爱出来活动；另外在雨过天晴或大雨过后的第2天，蜈蚣极爱出来活动，可以乘机捕获。

2. 地　点

捕捉野生蜈蚣的地点宜选在山区。因为现在平原地区人口密度大，加上农业生产大量使用农药、化肥，可致死蜈蚣，所以平原地区已经没有野生蜈蚣存在或偶尔发现一两条。

3. 捕捉方法

蜈蚣有昼伏夜出的习性，白天也有爬出穴的蜈蚣，但数量不多，必须夜晚捕捉。捕捉野生蜈蚣的方法比较简单，只需准备 1 个手电筒、1 个竹夹、1 个内壁非常光滑用于装蜈蚣的容器（如瓷瓶）。捕捉人员要穿上紧口鞋、长筒袜，防止夜晚在山里行走被毒虫咬伤。这些工作准备好以后，晚上到蜈蚣经常出没的地方用手电筒照，蜈蚣被照到后因怕光就趴伏原地不动，这时用竹夹轻轻夹着其身体后部，放入容器内即可。

另一种捕捉野生蜈蚣的方法是，在蜈蚣常栖息的地方挖一条长沟，沟内放置些鸡毛、骨头、马粪、厨余垃圾、碎砖块等，上面覆上一层松土。当蜈蚣嗅到腥味即会到沟里去觅食、产卵、繁殖。大约经过 20 天以后就可以翻淘捕捉，然后再在沟里补充新的鸡毛、骨头、厨余垃圾等，盖上一层松土，重复捕捉。秋季也可以在林间用此种方法捕捉到野生蜈蚣。

（四）种蜈蚣投放

种蜈蚣的投放在春、夏、秋三个季节均可以进行，但要注意春季不要过早，秋季不要过迟。

刚从野外捕捉回来的蜈蚣，身体表面可能带有很多病菌，若不进行消毒处理，发病率和死亡率均较高，在驯化过程中，最终成活率很低，一般在 20% 左右。

在放养时，应按大小不同分级放入养殖箱或池内暂养。若是大小混放在一个箱内，会由于过于密集而容易发生相互残杀。因此，应该在池内先做好窝，放入蜈蚣后再喷上少许白酒，并放一些多汁的蔬菜瓜果及肉类等饲料，最好放入黄粉虫，能有效地避免蜈蚣发生互相残杀的现象。

由于野生蜈蚣的攻击性较强，若是个体较大的蜈蚣，两条放在一个容器内饲养，很容易造成有一条被吃掉的危险。因此，野性及个体较大的蜈蚣，捕捉回来时最好分开单个体饲养，驯养一段时间后再合并饲养，以免造成不必要的经济损失。

另外需注意的是，如果是购买蜈蚣作种，一定要注意辨别清

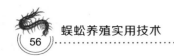

楚是人工养殖的还是野生的，以便做好相应的管理工作。

（五）放养密度

蜈蚣的放养密度伸缩性很大，一般与饲料供给是否充分、生长发育期个体大小有着直接的关系。合理确定养殖密度，可以充分利用养殖池、缸、箱的有限面积，提高单位面积产量。如密度过大，在饲料不足时会引起蜈蚣之间互相残杀，且容易感染疾病。

一般来说，采用池养时，每平方米池底面积，以放养1龄蜈蚣1000～1200条，2龄蜈蚣750～800条，3龄蜈蚣600～650条，4龄以上蜈蚣400～500条，产卵孵化期雌蜈蚣50～70条为宜。采用箱养时，1个长55厘米、宽45厘米的养殖箱，可放养1～2龄蜈蚣250～260条，或3龄蜈蚣90～100条，或4龄以上蜈蚣60～70条，或产卵孵化期的雌蜈蚣12～13条。采用缸养时，底面积为50厘米×40厘米的缸，可放养1～2龄蜈蚣200～250条，或3龄蜈蚣70～80条，或4龄以上蜈蚣45～50条，或产卵孵化期的雌蜈蚣10～15条。

每天傍晚可投喂黄粉虫、小蚯蚓等，坚持每天投料，保证每条蜈蚣都能吃饱吃好。

计算每天投料量的方法是：投放饲料的总量减去第二天早晨的剩余量等于蜈蚣每天的吃食量。但是应做到宁余不缺，保证蜈蚣身体健壮，有利于提高繁殖能力。

此外，还要注意做好蜈蚣养殖室（池）保湿和清洁工作，定期喷水，使饲养土湿度保持在20%左右。每天将残余的饲料清除干净，保证环境清洁、卫生，促使蜈蚣早日交配怀卵，以后则随着怀卵、产卵及孵卵等不同阶段进行分缸（箱、池）饲养管理即可。

三、营养与饲料

（一）营养要素

蜈蚣在其一生过程中，进行着生长、发育和繁殖等一系列活动，既要延续自身生命，又要延续种群后代，蜈蚣进行这些生命活动的前提条件是摄入充足良好的营养物质。没有充足的优良营养物质供给，蜈蚣就不会正常生长发育及繁殖。蜈蚣所需的营养物质主要包括蛋白质、脂肪、碳水化合物、维生素、矿物质和水，统称为六大营养要素，这些营养物质必须不断地从饲料中摄取。

1. 蛋白质

蛋白质是一切生命的物质基础，蜈蚣体内的一切组织器官，如肌肉、内脏器官、神经、血液和毒液等，都是以蛋白质为主要原料构成的，蛋白质还是某些激素和全部酶的主要成分。蜈蚣体组织中干物质一半以上是蛋白质。在蜈蚣机体的代谢过程中，蛋白质有着不可代替的重要作用。由于蛋白质在蜈蚣体内数量大、种类多，而且随时大量消耗，因此，蛋白质是蜈蚣营养供应的第一要素。若蛋白质供应不足，就会导致蜈蚣机体营养不良、体重下降、繁殖力低下、免疫力减弱，甚至生命受到威胁等。但是，若蛋白质过量，不仅浪费饲料，还会引起蜈蚣消化功能紊乱，甚至中毒。

构成蛋白质的基本单位为氨基酸，共有20多种，其中可分为必需氨基酸和非必需氨基酸。非必需氨基酸在机体内可通过其他氨基酸的氨基移换或由无氮物质和氨化合而成，饲料中若缺少非必需氨基酸，一般不会引起营养失调和生长停滞。而必需氨基酸由于不能在机体内合成，也不能由其他氨基酸代替，又是动物生命活动所必不可少的，必须经常从饲料的蛋白质中供给。饲料中如果缺少必需氨基酸，即使蛋白质含量很高，也会造成营养失调、生长发育受阻、生产性能下降等不良后果。蜈蚣的必需氨基酸主要有 10 种：赖氨酸、苏氨酸、缬氨酸、亮氨酸、异亮氨酸、色氨酸、精氨酸、蛋氨酸、组氨酸和苯丙氨酸等。

蜈蚣对蛋白质的需要，在一定程度上依蛋白质的品质而定。蛋白质中氨基酸种类越完全，比例越恰当，蜈蚣对它的利用率就越高。由于各种饲料中蛋白质的必需氨基酸的含量是不相同的，所以，在生产实践中，为提高饲料中蛋白质的利用率，常采用多种饲料配合使用，使各种必需氨基酸达到平衡。若单独饲喂黄粉虫、土元或蚯蚓，这样蜈蚣获得的氨基酸不平衡，因而蛋白质的利用率不高，时间长了，很容易引起蛋白质缺乏症，直接影响蜈蚣的正常生长发育和繁殖。

2. 脂　肪

脂肪是蜈蚣不可缺少的营养物质，主要供给机体能量和必需脂肪酸，是体细胞的重要组成部分，同时还与蜈蚣的冬眠有重要关系。脂肪作为蜈蚣体内的主要贮备能源，广泛分布于机体的组织中。

在自然界的野生状态下，蜈蚣可以在大约 100 天的冬眠状态中不吃不动，其能量的提供即是依靠体内积聚的脂肪供应的。但是饲料中脂肪的含量也不宜太多，否则会引起蜈蚣出现消化不良、食欲下降等症。蜈蚣平时只要能捕捉食入各种昆虫，就能满足其对脂肪的需要，所以不需要另外再进行脂肪的补给。

3. 碳水化合物

主要作用是为蜈蚣机体提供能量，同时参与细胞的各种代谢活动，如参与氨基酸、脂肪的合成，利用碳水化合物供给能量，可以节约蛋白质和脂肪在体内的消耗。碳水化合物包括两大类：一类为无氮浸出物，主要由淀粉和糖构成；另一类为粗纤维。

淀粉是一种多糖，糖在机体中可转化成脂肪，脂肪贮存于体内；多糖也能以肝糖原等形式存在于肝脏、肌肉等组织中，在必要时又可分解转化为葡萄糖，给机体代谢提供所需要的能量。蜈蚣对纤维素无特别的需求，一般要求饲料中纤维素的含量尽可能低些，淀粉的量也不宜过高，过高会影响蜈蚣的食欲，易引起肠道不适，甚至发生腹泻。

4. 矿 物 质

又称无机盐，是蜈蚣体内无机物的总称。矿物质在机体生理活动过程中起着重要的作用，且无法靠蜈蚣自身产生、合成，必须通过摄取食物获得，每天的摄取量也是基本确定的。蜈蚣体内的矿物质有几十种，根据在体内含量的多少分为常量元素和微量元素两大类，如钙、磷、钠、钾等含量较多的称为常量元素；而如铁、铜、锌、锰、碘等含量较少的称为微量元素。

（1）**钙与磷** 是组成蜈蚣外骨骼的重要成分，外骨骼中所含的钙占全身钙量的90%以上，所含的磷量占全身总磷量的75%。饲料中钙、磷不足时，外骨骼生长缓慢，蜕皮困难。

（2）**其他矿物质元素** 主要起着调节渗透压、保持酸碱平衡和激活酶系统等作用，是蜈蚣体生长繁殖不可缺少的营养物质。因而，在人工养殖蜈蚣时就要定期用复合微量元素加入水中供蜈蚣饮用，或用复合微量元素饲喂黄粉虫、土元、蚯蚓等间接地给蜈蚣补充。另外，池土中掺入风化土或老墙泥，也可以补充一些微量元素，以满足蜈蚣生长发育对微量元素的需求。

5. 维 生 素

维生素是维持蜈蚣体正常生命活动所必需的一类有机物。它虽然不是构成蜈蚣体的主要成分，也不供给能量，但它参与蜈蚣体内的主要物质代谢，是代谢过程的激活剂。当蜈蚣缺乏维生素时，可引起生长发育停滞，繁殖力下降，抵抗力减弱等。

维生素的种类有30多种，根据溶解性质分为两大类，一类是脂溶性维生素，另一类是水溶性维生素。脂溶性维生素主要有维生素 A、维生素 D、维生素 E、维生素 K，它们均可以溶于脂肪或脂肪溶剂蓄积于体内，供机体较长时间地利用；水溶性维生素是指溶于水中才能被机体吸收的维生素。常用的有维生素 B$_1$

（硫胺素）、维生素 B_2（核黄素）、泛酸（维生素 B_3）、维生素 B_4（胆碱）、维生素 B_5（烟酸）、维生素 B_6（吡哆醇）、叶酸（维生素 B_{11}）、维生素 B_{12}（氰钴胺素）、生物素（维生素 H）和维生素 C（抗坏血酸）。

有些维生素能在蜈蚣体内合成，有些却必须依靠饲料供给。饲料中无论缺少哪一样维生素，都会造成机体新陈代谢紊乱，生长发育停滞，不蜕皮，同时抗病力下降。所以要经常适量地在饲料或饮水中添加多种维生素，以保证蜈蚣体内各种维生素的含量正常。

6. 水

水是蜈蚣机体的重要组成部分，也是蜈蚣体内营养物质的运输、消化吸收及代谢产物排出的载体。缺水会引起蜈蚣食欲下降，消化功能紊乱，抗病能力下降，极易发生肠胃疾病，严重时引起新陈代谢障碍，生产性能下降，雌蜈蚣受精率低，产畸形卵；雄蜈蚣精液品质和数量下降，精子成活率低；仔幼蜈蚣生长发育受阻。长期处于缺水状态或是水分不足的蜈蚣，足干枯发黄，严重者死亡。因此，蜈蚣必须从外界获取相应的水分，以维持体液平衡，使机体活动顺利完成。

蜈蚣在不同生长发育环境阶段所需的水分多少不同，例如，蜈蚣冬眠时，需要的水分很少；而生长发育阶段，机体代谢旺盛，所以对水分的需求量就大些。

（二）动物饲料来源

蜈蚣以昆虫、蚯蚓等小动物为主要饲料。饲料开发来源可以分三个方面：一是诱捕昆虫；二是人工养殖饲料虫；三是配合饲料。

1. 诱捕昆虫

（1）灯光诱虫 即利用黑光灯或荧光灯来诱捕昆虫。一般在春、夏、秋季，各种昆虫繁殖旺盛时期，在养殖场的空地上方或郊外田野接上电源，装上黑光灯，傍晚以后把灯打开，灯下放置1个漏斗，漏斗下通1个布袋，昆虫发现灯光就飞奔而来，撞在

灯泡上，掉在漏斗里，再掉到口袋里不能逃出，每天把诱捕到的
昆虫投喂在养殖池的饲料盘中供蜈蚣食之，可以解决大规模饲养
蜈蚣的饲料问题（图3-20）。

图3-20 黑光诱虫灯

使用黑光诱虫灯诱捕昆虫，方法比较简单经济，捕捉数量大，
捕来的昆虫多种多样，营养全面，能保证蜈蚣各个生理时期的营
养需要。但是受季节及天气影响，如遇到刮风下雨天的时候就无
法采用，冬季野外没有昆虫，只有在夏季才能提供充足的饲料。

（2）食饵诱鼠妇（潮虫） 鼠妇又称潮虫、西瓜虫等（图
3-21）。通过对鼠妇营养成分的化验表明，虽然鼠妇体内的蛋白

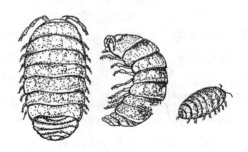

图3-21 鼠妇虫成虫

质和氨基酸含量均较低，但胱氨酸含量较高，若与其他饲料配合使用，则可加速蜈蚣的生长发育，是一种很好的氨基酸平衡饲料。

在阴暗潮湿的地方挖一个坑，坑内放几个面盆（或广口瓶），盆（瓶）沿与地面齐平。在盆（瓶）内放入一些炒熟的黄豆粉、麦麸皮或面包屑作为诱饵，盆（瓶）口上面盖一层干杂草以遮光。到第二天早晨便可捕到大量爬入盆（瓶）内的鼠妇（图3-22）。

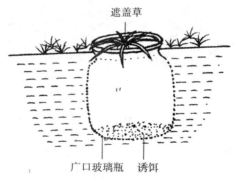

图 3-22　食饵诱捕鼠妇

2. 人工养殖饲料虫

有些昆虫可以通过人工养殖，用来作为蜈蚣等的天然饲料，这些昆虫被称为饲料虫。目前已人工饲养成功的饲料虫主要有黄粉虫、蚯蚓、幼土元、鼠妇、家蝇蛆等。

（1）黄粉虫的饲养　黄粉虫，俗称面包虫，耐粗饲、易饲养、好管理，繁殖力强，生长发育快，每2～3千克饲料即可生产1千克幼虫，其幼虫含粗蛋白51%，粗脂肪28.5%，营养价值高，是养殖蜈蚣一种十分理想的鲜活动物饲料（图3-23）。

黄粉虫是完全变态昆虫，一生分卵、幼虫、蛹、成虫四种形态（图3-24）。黄粉虫整个生活史大约4个月左右，饲养方法也比较简单：即将盆壁光滑的搪瓷盆或陶瓷盆刷洗干净，在盆内加

图 3-23　黄粉虫幼虫

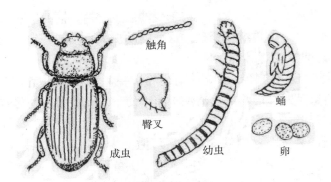

图 3-24　黄粉虫各阶段形态

厚度 10 厘米左右的麸皮，然后将黄粉虫放入盆内，上面再撒一些面粉或玉米粉，盖上几片菜叶或菜片，南瓜、西葫芦、黄瓜、大白菜、圆白菜、小白菜等均可。这些菜叶既可供黄粉虫食用，又能增加湿度。然后将盆放置在室内温度较高的地方，一般为 22～25℃，空气相对湿度以 50%～60% 为宜。

　　黄粉虫从卵孵出到成体要经过 6～7 次的蜕皮，大约需要 3

个多月的时间才能变成成虫（黑壳虫）。幼虫平均体长 22 毫米，体宽 3.5 毫米，平均体重 0.2 克，个别的体重可达 0.25 克。变蛹后蛹长 17 毫米，体宽 4 毫米，平均体重 0.1 克。黄粉虫成虫的变蛹过程是先从头裂开一小口，尾部开始蠕动，皮慢慢从头顶往后蜕，经 5～10 分钟就可全部蜕完。蛹全身为乳白色，经 5～6 小时以后变为深黄色，再经过 3～5 天蛹开始变成成虫（黑壳虫）。成虫经过交配，2～3 天后就开始产卵，卵为乳白色，像小米粒一样大小。产卵期间可在盆内放入一些叶菜，一方面可以供黄粉虫采食，另一方面可让成虫产卵于叶菜上。注意剩余的叶菜不能扔掉，以免将虫卵同时扔掉。卵经过 9～10 天孵出幼虫，仔细观察可以看到幼虫在麦麸中蠕动。这时可把干菜叶拿出，在麦麸上再盖一层新鲜菜叶和面粉、玉米粉等供幼虫食用，幼虫便会很快长起来。

在黄粉虫的繁育过程中，老熟幼虫变蛹时，要及时把蛹捡出，单独放在盆子里，以免被未变的幼虫吃掉。同时应挑选个体大的蛹留种，可再继续繁殖，这样的幼虫大小基本一致，而且在更换虫粪时也不会将虫卵筛出。

大小不同的黄粉虫应分别饲养。一盆黄粉虫喂完后，需要再进行繁殖时，应将旧盆清洗干净再使用。在黄粉虫的养殖过程中，应经常检查麦麸是否吃完，如已吃完可用筛子把虫子筛出，更换新的麸皮。盆内麸皮变黑后可撒上少许新鲜的麸皮和面粉、玉米粉等。要经常更换新菜叶，除了供黄粉虫食用外，还能增加湿度，但每次不宜放得太多，以免饲料变质发霉。

黄粉虫在养殖过程中，每隔两三代就应引进一些新的、个体较大的种源，以免由于近亲繁殖使虫的体形和体质越变越差。

（2）人工养殖无菌蝇育蛆 无菌蝇生活史短（图 3-25），繁殖力极强，一对无菌蝇在一个短短的夏天生育 2 260 亿个卵，在人工控温的条件下，一年可繁殖 24～25 代，周期短，生产潜力极大。无菌蝇的蛆（即幼虫）和蛹含有丰富的蛋白质，较高的脂肪酸，氨基酸种类也较全面，其营养水平接近于进口鱼粉，是养

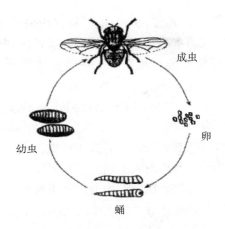

图 3-25　无菌蝇的生活史

殖蜈蚣的好饲料。

养殖无菌蝇育蛆方法简单，一般用尼龙网制作大型饲养笼：可用木条做成 100 厘米×80 厘米×100 厘米支架，外用 60 目或 80 目的尼龙纱网围上，在网上开一个 20 厘米直径的操作孔，外接一只长 30 厘米的布套袖，用于更换食料。也可以使用悬挂式蝇蛆养殖笼（尼龙网）（图 3-26）。

图 3-26　悬挂式蝇蛆养殖笼

笼内放置食盘、水槽、产卵槽，食盘内放各占 50% 的奶粉和红糖，水槽内放清水，里面放一块海绵，产卵槽内放幼虫饲料（培养基），供雌蝇产卵。然后放入一定数量的无菌蝇，当温度在 25～30℃，空气相对湿度在 50%～80% 时，无菌蝇即行交配，交配后 1 天开始产卵，16 小时左右可孵出一龄幼虫即蛆。这时即可采集蝇蛆来饲喂蜈蚣。

幼虫培养基的配制方法：取麦麸 100 克，水 200 毫升制作而成的培养基，可饲养 500 头无菌蝇。配制时先用少量热水，将奶粉调成稀糊状，然后放麦麸加水拌匀。其干湿度，以手抓麦麸轻轻握拳，培养基内的水分沿手指缝渗出而不滴水，松手后培养基不散落为宜。

蝇蛆的收获方法：利用蝇蛆避光性的特点，将产卵槽置于强光之下，蛆便会钻到培养基底层，这时除掉上部培养基，剩余的培养基倒入纱布筛内，在水中反复漂洗，即可得到干净的蝇蛆。一般情况下，每平方米培养盘每 4 天可生成蝇蛆 2 千克。饲养 500 只无菌蝇，可供 100 条蜈蚣吃 7 天。

（3）人工养殖蚯蚓 蚯蚓又名地龙，无论是鲜蚯蚓还是干蚯蚓，均含有丰富的蛋白质、20 多种氨基酸和多种微量元素、维生素，是蜈蚣最喜食的食物之一，也是目前为止养殖界公认的最富营养的高蛋白动物性饲料。

人工养殖蚯蚓简单易行，养殖方法是：将堆积发酵腐熟的牛粪或猪粪置于砖池、缸或木箱内，再放上含有幼蚓的饲料，使总厚度达 23 厘米，最后用麦秸或草帘覆盖。然后投入一定数量赤子爱胜蚓或太平二号蚓饲养（图 3-27）。一般每平方米可放养 15 000 条。当气温在 15℃～30℃、空气相对湿度 60% 左右时开始养殖，饲养 6 个月后便能繁殖出大量的蚯蚓，这是可以随时采收饲喂蜈蚣。当气温降至 10℃时应转入室内保种。在管理上要注意两点：一是经常保持湿度；二是大雨天气要遮雨，并注意防止被洪水冲击。

图3-27　人工养殖的赤子爱胜蚓

（4）人工养殖地鳖虫　地鳖虫俗称土鳖虫，药名土元，常见的为中华地鳖虫，为一种软体外形似鳖的不完全变态的爬行昆虫，完成一个世代只经过卵、若虫和成虫3个发育阶段（图3-28）。地鳖虫除了具有药用价值外，也是养殖蜈蚣较常用的蛋白质饲料。人工养殖地鳖虫设备简单，成本低，容易操作。

人工养殖地鳖虫的方式有缸养、池养、棚养、立体式饲养等几种，一般以室内池养较为多见。建造养殖池的房子可选择地势较高、阴暗潮湿、通风的旧房，如旧猪舍、牛舍等。在平整的水

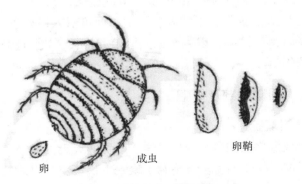

卵　　　　成虫　　　　　　卵鞘

图3-28　地鳖虫形态

泥地面上用砖砌成单行或两行的长方池，双行的中间间隔0.5米，池长2米、宽1米、高50～60厘米。池内可用薄水泥板或玻璃板再分成若干个小格子，按成虫和若虫的不同龄期分格饲养。养殖池的池壁内壁要用水泥或石灰抹平，使其光滑，防止地鳖虫外逃，池上面加盖留下通风孔即可。

饲养前在池底铺上5厘米左右厚的草木灰或沙土，然后在上面再铺上饲养土20～25厘米厚，即可放养各种规的格若虫和成虫。室内温度保持在30℃，窝泥湿度保持在25%左右，每隔3～5天往池内投喂适量的青绿饲料和糠麸饲料。视其生长情况，定期筛取投放蜈蚣养殖窝内，任其自由捕食。

（5）人工养殖鼠妇 与黄粉虫一样，鼠妇属于杂食性动物，食性很杂，如各种粮食、面粉以及粮油加工厂的剩余副产品、杂草、枯枝烂叶，各种薯类的块根、块茎，以及腐烂变质的动物尸体等，无所不食。人工养殖鼠妇方法简单，好操作。

人工饲养鼠妇可在缸、盆内或在室外砌窝进行。在室外选择一处阴暗潮湿的地方，挖一个深为30～40厘米的土沟，沟的长度根据需要而定。沟底放置10厘米厚的富含有机质的腐殖土，特别是黑色的土壤效果更佳，土上撒布些米糠、碎麦秸和少量马粪或牛粪，然后洒水搅拌均匀。注意水分不宜过大，一般以用手抓起一把泥土，用力捏，没有水从指缝流出，松开手，轻轻一碰，泥土松散，表明土壤的湿度适中，即可引入鼠妇进行饲养。沟内要经常保持潮湿，以利于鼠妇繁殖和生长，1个月以后即可采收投喂蜈蚣。

（三）饲料配制及投喂

1. 饲料配制

对于规模化人工养殖蜈蚣来说，不可能天天供应大量的动物饲料，若饲喂单一饲料，又不利于蜈蚣生长繁殖，因此最好是饲喂配合饲料。投喂配合饲料，应根据蜈蚣的龄期、体重、外界条件、季节和饲养方式等确定不同的喂量。一般来说，蜈蚣生长繁殖需要较多的蛋白质、维生素和矿物质，在配合饲料时，还要注意各种营养物质的合理搭配，以保证不同龄期蜈蚣的营养需要。下面介绍几组蜈蚣配合饲料的配方，以供参考。

（1）1龄蜈蚣配合饲料配方

①干昆虫粉40%，鲜鸡蛋50%，面包屑8%，复合维生素1%，骨粉1%，拌匀。

②肉粉20%，牛乳60%，饼干屑20%，拌匀。

③泥鳅肉50%，蛋黄粉30%，麦粉20%，拌匀。

（2）2龄蜈蚣配合饲料配方

①肉粉40%，鲜蛋30%，玉米粉28%，各种微量元素2%，加适量水拌匀。

②蚯蚓粉50%，牛乳5%，麸皮45%，加适量水拌匀。

③蜗牛粉55%，动物油3%，麦麸42%，加适量水拌匀。

（3）3龄蜈蚣配合饲料配方

①肉粉30%，牛乳40%，麸皮30%，加适量水拌匀。

②猪肉泥40%，蛋黄粉10%，牛乳20%，饼干屑30%，加适量水拌匀。

③干蝇蛆粉35%，蛋黄粉35%，血粉10%，苜蓿粉20%，加适量水拌匀。

④猪肺泥50%，奶粉30%，麸皮15%，骨粉3%，复合维生素2%，加适量水拌匀。

2. 投喂方法

蜈蚣在自然状态下需要冬眠，一年中活动、吃食的时间也就是4月初到10月中旬，只有7个月的时间。而4月、10月天气还稍凉，虽然白天的气温较高，但到晚上温度却较低。所以，这两个月蜈蚣的吃食量很小，人工养殖的蜈蚣每隔2～3天喂饲1次即可，但对幼蜈蚣，需要每天投喂。蜈蚣的耐饥性较强，一般7～14天不喂食也不会饿死。因此，常在蜈蚣产卵前3～4天开始停止投喂饲料，以防饲料沾上卵粒或胚胎被蜈蚣一起吃掉。

对于冬季不加温饲养的蜈蚣，则在冬季前应投喂足量的饲料，以便在机体内积蓄足够的营养物质，保证安全度过冬眠期。投喂饲料的时间宜安排在傍晚天黑之前，白天不必喂食。5～9月气温较高，蜈蚣进入正常的活动和吃食状态，特别是6～8月，气温最高时，蜈蚣最活跃，吃食量较大，这时每天投喂1次，喂食时间应在傍晚7～9点，到第2天清晨。投喂较大食物时，可切断或切碎后分散放在养殖池内的食盘内任蜈蚣自由摄取；若投喂活的昆虫等，可直接投入养殖池中，让蜈蚣自行猎取；若投喂鱼粉、蚕蛹粉、麦麸、鸡蛋等，可先用温水拌湿后再放在池中的食盘内或瓦片上让蜈蚣取食。投喂的食物应新鲜，不投喂腐败变味或不新鲜的食物。每天要及时将吃剩下的饲料，尤其是腐败变质和死亡的动物饲料清理干净。

饲料的投喂量，可根据蜈蚣的放养密度和蜈蚣个体大小灵活掌握。一般放养密度大的要多投、孕卵中后期的成年蜈蚣摄食量大，也要多投；幼蜈蚣食量小，应该少投一些。蜈蚣的摄食量，在适宜的温度下（25～32℃），1条幼蜈蚣每次约0.1克，1条成年蜈蚣每次约1克。另外，蜈蚣的摄食量随温度和湿度的变化而有所增减。春末、夏季，气温高蜈蚣活动量大，摄食量也大，生长速度快，应多投喂一些；晚秋、初冬可适当减少些。

评测每天蜈蚣投喂量是否恰当，可在第2天早晨观察，根据检查饲料盘（槽）中有无饲料或饲料的多少来判断。若每天都有剩余，则说明投食量偏大，下次再投食时可以适当减少一些；如果每天早晨都吃得精光没有剩余，说明投喂量偏少，可以再适当增加一些。

四、蜈蚣规模化养殖饲养管理

随着我国特种野生动物养殖业的发展，蜈蚣养殖产业也正在向高产、优质、高效的规模化生产和无公害化生产方向迈进。虽然蜈蚣是野生动物，但是与规模养猪、养鸡一样，规模化养殖蜈蚣也需要有一套完整的饲养管理技术。只有科学地进行饲养管理，才能获得良好的养殖效果。

（一）常规饲养管理

1. 放养密度

蜈蚣的放养密度，即单位饲养面积内应放养多少条蜈蚣最适宜，目前还没有一个通用的具体指标。这要根据养殖池立体空间的大小、饲料供给是否充分、生长发育期个体大小以及季节变化等情况而拟定。合理确定养殖密度，可以充分利用养殖池、缸、箱的有限面积，提高单位面积产量。密度过大、在饲料不足时会引起蜈蚣互相残杀，且容易感染疾病。同时，如果不按蜈蚣的龄期、体质强弱分群饲养，即使投喂的饲料再充足，也会出现成年蜈蚣残食幼蜈蚣、体质强壮者吃掉体弱者的现象。蜈蚣交配后，如果雌雄不分开饲养，也有雄性蜈蚣被雌性蜈蚣吃掉的可能。雌性蜈蚣在产卵、孵化期间，也应分开单独饲养，否则会互相干扰，一旦受惊会食卵粒或幼蜈蚣。所以，在饲养过程中一定要注意保持合理的饲养密度，同时适时按雌雄、大小或按龄期分群饲养。

采用池养时，每平方米池底可放养 1～2 龄幼体 800～1 200 条，或 3 龄蜈蚣 600～650 条，或 4 龄以上蜈蚣 400～500 条。冬眠期间，饲养密度可大一些，每平方米可养成年蜈蚣 700～800 条。在繁殖季节，为便于雌蜈蚣产卵、抱卵和孵化，可适当减少饲养密度。

采用箱养时，1 个长 55 厘米、宽 45 厘米的养殖箱，可放养 1～2 龄幼体 200～250 条，或 3 龄蜈蚣 90～100 条，或 4 龄以上蜈蚣 60～70 条，或产卵孵化期雌蜈蚣 12～15 条。

采用缸养时，底面积为 50 厘米×40 厘米的缸，可放养 1～2

龄幼体 200 条，或 3 龄蜈蚣 70 条，或 4 龄以上蜈蚣 45～50 条，或产卵孵化期雌蜈蚣 10 条。

2. 雌雄配比

由于蜈蚣在受到严重惊扰后，容易发生互相袭击甚至互相残食的情况，所以对刚引入的种蜈蚣，最好按大小分开饲养，每个池或缸内饲养的蜈蚣最好是同龄。建议按雌雄蜈蚣比例 3∶1 搭配，投放在养殖池中，让蜈蚣自行挖窝造巢或寻找"单间"窝穴栖息、交配、繁殖。

能确定已经受孕的蜈蚣，可以投放到专用的孵化池内饲养，确认一条，分出一条。对于即将进入临产状态的雌蜈蚣，应及时提出，放入"单间"内饲养。所谓"单间"即人工巢，最简单的制作方法是用玻璃瓶或罐头瓶，内铺上 1/3～2/3 的饲养土，上面盖上有许多小孔的塑料盖，瓶子外周用黑纸贴起来以遮挡光线，每瓶放 1 只雌蜈蚣即可。

3. 温、湿度调节

（1）温度调节　蜈蚣是变温动物，它的一切活动常与温度相关。蜈蚣生长发育最适温度为 25～32℃，当温度为 11～15℃时，蜈蚣的觅食和活动减少，并停止交配、产卵，刚出生的幼蜈蚣也会因温度低而不能蜕皮，容易造成死亡；当温度下降至 10℃以下时，蜈蚣则停止一切活动，便钻入松土中（或窝土中），蜷缩一团，进入冬眠；0℃以下就会死亡。然而，当温度升到 33～35℃时，由于蜈蚣体内水分散失，它的一切活动也会暂停下来，甚至寻找洞穴躲藏起来；如果温度升到 36℃以上甚至超过 40℃时，由于蜈蚣体内失水太多，很容易造成身体干枯而死亡。因此，要始终保持蜈蚣饲养房内适宜的温度。

夏季气温较高，要注意防暑降温。室外养殖的可以在场内种植草和树木，最好是架设凉棚或洒水降温；室内养殖的，要把门窗打开，每天早晚洒水一次，以保持一定湿度，也有利于降温。饮水器内要保持充足的清洁水。如遇高温天气，最好将蜈蚣移入地下室暂养。冬天要有保温设施，最简单的保温方法是在养殖蜈蚣的池、箱及巢内加厚饲养土至40厘米，然后用稻草或杂草覆盖，池或箱外加罩塑料薄膜，以使蜈蚣安全过冬。必要时要采取人工保温措施，如暖气、生炉子等，以保证蜈蚣不受冻害而安全过冬。

（2）**湿度调节** 蜈蚣怕干喜湿，生长发育最适合的空气相对湿度为60%～70%，窝土湿度为10%～20%。当饲养环境过于干燥，饲料水分又不足时，不但会影响蜈蚣的呼吸和体温调节，也影响雌蜈蚣产卵和孵化率，还可能会发生互相残杀，甚至发生失水性死亡。但过分潮湿也不利于蜈蚣的生长发育，若窝土湿度超过60%，容易受微生物侵害，也会给蜈蚣蜕皮造成一定的困难，甚至发生生理性病变。因此，保持养殖场地适宜的湿度非常重要。

4. 越冬管理

蜈蚣是低等冷血动物，体温随着环境温度的变化而变化。到了气温比较低的冬季，蜈蚣蛰伏在地下不吃不喝，体内物质代谢水平相当低，这是对它自身的一种保护。蜈蚣的冬眠在中原地区，从寒露开始，身体物质代谢开始降低，活动减少，停止生长。霜降前后气温下降，便开始冬眠。到翌年清明以后，方能恢复正常的生理代谢，食量增加，开始外出活动、觅食。

蜈蚣在冬眠前都具有一定的活动规律：在野生条件下，蜈蚣冬眠时间长达半年之久，在冬眠以前，从生理上到行为上都是在做充分的准备工作，以利越冬，增加起蛰后的抵抗力。

首先，冬眠前蜈蚣身体要做好充分的营养贮备，以供冬眠期的代谢消耗。尽管冬眠期间蜈蚣的代谢水平很低，但毕竟没有停止，仍需要消耗一定数量的营养物质。如果冬眠前体内物质贮存不足，冬眠时把体内的营养物质消耗尽，第2年春季出蛰时由于体质虚弱，就很难抵御天气的变化刺激，容易造成死亡。所以，蜈蚣在进入冬眠以前吃食量增加，食物以脂肪、蛋白质的形式贮存在体内。饲养生产中，在冬眠前1个月，就应该供给蜈蚣充足的饲料，并且饲料的营养价值要高，使蜈蚣很快肥胖起来，体重迅速增加，以备冬眠期体质消耗。

其次，蜈蚣冬眠要有一个良好的环境。一般来说，冬眠场所温度最好在1～3℃，空气相对湿度在30%左右，饲养土的湿度在11%～15%为好。温度低于0℃时，很容易把蜈蚣冻死，温度超过10℃，蜈蚣生理代谢加速，体内贮存的物质很快就会消耗完，又会造成死亡现象。若越冬环境中湿度过大，会降低蜈蚣冬眠时的耐寒性；湿度过小，蜈蚣体内水分散失较快，也会影响冬眠时的成活率。

根据以上情况，蜈蚣在野生情况下，冬眠前要寻找最适的地方进行冬眠。中原地区要寻找地下10厘米以下的地方冬眠，在东北要寻找地下70～80厘米深处的地方冬眠。因此，在养殖中，人为提高蜈蚣冬眠场所的土温，不仅可以缩短蜈蚣冬眠的时间，使之安全越冬，而且可相对的增加蜈蚣正常的生长期，有利于提高蜈蚣的产量。比如，在蜈蚣越冬前夕，在养殖场内开挖80～100厘米深的坑，把挖出的泥土与收集的垃圾泥灰按2:1的比例拌和均匀，倒入坑内，把坑填平。然后铺上适量的砖瓦碎块后放入蜈蚣，再盖上一层细土，最后覆盖些树叶和枯草即可。这样经过挖沟深翻，疏松了土壤，土层中空气流通，同时因土表有细土枯草，砖瓦碎块下的土中热量不易散失，增强了保温能力，并且土中热量易在砖瓦碎块间散发，缩小了一天内早、中、晚的温差。砖瓦碎块易吸水，形成了蜈蚣要求的阴湿环境，且砖瓦碎块间空隙较大，有利于蜈蚣的出入活动和栖息。垃圾泥灰与土壤拌和后，垃圾迅速腐烂、分解，散发出大量热能，使土温升高而较恒定，缩短蜈蚣冬眠的时间。同时垃圾腐烂、分解，又增加了土壤中的有机质和微生物，有利于各种小虫的繁殖，为蜈蚣增加了新鲜的天然食物，起到了自然投食的作用。因此，人为改善蜈蚣越冬场所的环境条件，是帮助其安全越冬的有效方法。

此外，待蜈蚣越冬后，恢复了活动能力，这时要严密封闭饲养场所，防止蜈蚣外逃。

（二）不同发育阶段饲养管理

1. 1龄蜈蚣饲养管理

1龄蜈蚣是指从脱离母体自由生活开始到当年冬眠之前的幼蜈蚣，一般体长3～4厘米。

（1）**饲料**　1龄蜈蚣刚离开母体自由生活，活动能力较弱，由于口器幼嫩且小，捕食能力也很差，此时还不能捕食体形较大的活体昆虫，主要靠以吮吸软体、多汁的昆虫浆汁为食。因此，最好给饲喂精、细、软、嫩、易消化，而且含蛋白质较多的适口饲料。可饲喂从稻米、玉米、面粉等粮食中筛出的米虫，或米蛾、菜青虫、夜蛾、肉蛆、蝇蛆、幼黄粉虫以及剁成肉泥的肉食等。也可以用乳、蛋类拌和适量的肉粉、蛋黄粉、面包屑等饲喂；还可以饲喂多汁的水果或60%～75%的多维葡萄糖水溶液，可以用海绵蓄之，放在养殖池小平盘内让其自由吮吸，既可供饮水，又可补充营养物质。

1龄蜈蚣的日采食量很少，一条幼蜈蚣每次仅需0.1克饲料，一般每天饲喂1次即可。吃剩的残食一定要及时清除干净，以免腐烂变质发臭，特别是投喂的糖水、奶粉、鸡蛋液等，容易滋生病原微生物而感染患病。

（2）**温度**　1龄蜈蚣对温度的要求较高，以利于促进食欲，提高代谢率，加快增长速度。一般环境应控制在28～30℃，温度要求均衡，不能忽高忽低。温度过高，在几分钟内幼蜈蚣可能就会被烘干；温度太低，又容易被冻干死亡。特别在休眠越冬时期，最好将入蛰后的养殖池温度控制在8～12℃，并保证蛰伏场不出现返潮现象，否则蜈蚣将会被冻死，或将池温控制在25～30℃，打破冬眠期，使蜈蚣继续生长。

（3）**湿度**　1龄蜈蚣饲养环境的空气相对湿度为65%～

75%，窝土湿度要求在15%～20%。若窝土过干，湿度低于10%，则无法生活，甚至虫体急剧变干；若湿度太大，超过50%～60%，则易发生死亡，冬季易冻死。所以，饲养1龄蜈蚣要经常注意观察，适时调节湿度。夏季气温高，水分蒸发快，可每天早晚喷洒1次水，以保持湿润为宜。冬季寒冷，应减少喷水次数，7～10天喷洒1次温水（水温25℃左右）即可。

（4）**饲养密度** 1龄蜈蚣宜单独放在玻璃缸或池中饲养，饲养密度可大一些，一般每平方米可饲养800～1200条。待幼蜈蚣长大后，要及时分缸（池）饲养，以免拥挤，影响其生长发育。

（5）**防逃** 1龄蜈蚣体小，钻缝能力极强，一旦逃逸出去后很难再捕获，即使捕获也难免被捉伤或捏死。因此，饲养缸（池）要做到平整、光滑、无缝隙，不能给幼蜈蚣留下任何可逃逸的条件和机会。

2. 2龄蜈蚣饲养管理

2龄蜈蚣是指从第2年出蛰后，到当年冬眠之前的蜈蚣，一般体长为4.5～5厘米。

（1）**饲料** 2龄蜈蚣是其一生中生长、发育最快的时期，也是摄食最多的时期。因此要保证充足的饲料，最好以鲜活的昆虫与配合饲料为主。在冬眠前，为使机体能储藏足够的营养物质，以便安全越冬，应以肉食类饲料为主。

（2）**温度** 2龄蜈蚣生长活动所需适宜温度为25～30℃。春天气温变化较大，时有出现倒春寒现象，因此，要做好保暖工作，保持昼夜温度均衡，以免蜈蚣受冷。夏天高温季节，室外养殖要搭棚遮阴，以防日灼；室内养殖要通风降温，避免闷热而使蜈蚣大批死亡；发现病死蜈蚣要及时挑出，清洁消毒。冬季霜冻易导致蜈蚣冻伤死亡，当气温降至8℃时，可将2龄蜈蚣迁入室内饲养。

（3）**湿度** 2龄蜈蚣生长期的空气相对湿度以70%为宜，饲养土湿度为20%左右。随着季节和气温的变化，要注意湿度的调节，在多雨、阴湿、闷热的梅雨季节，饲养土可以适当干燥些。夏、秋季节气温高，2龄蜈蚣体内需要大量的水分，这期间除了喂多汁的昆虫、瓜果外，也可将水喷洒在窝土上，以保持其湿润。但水不能喷洒太多，以免过湿造成饲养土结块，妨碍蜈蚣栖息活动。一般春季空气相对湿度应控制在60%～65%，夏季在75%～80%，秋季在70%～75%，冬季不进行人工加温饲养的，环境湿度可控制在60%～70%，并停止直接供水。

（4）**饲养密度** 由于2龄蜈蚣活动敏捷，并已具备了互相残杀的能力，因此要严格控制养殖池内蜈蚣的放养密度，防止密度过大造成互相厮杀。一般每平方米可饲养700条左右，同时要做好防逃防敌害入侵。

3. 3龄与成年蜈蚣的饲养管理

3龄蜈蚣是指饲养到第3年，体长9～10厘米的蜈蚣。3龄蜈蚣已开始进入营养生长和生殖生长时期。3龄以上的蜈蚣为成年蜈蚣，3龄与成年蜈蚣的饲养管理基本相同。

（1）**饲料** 3龄蜈蚣与成年蜈蚣对饲料的需要量和营养物质的要求大大增加，体重也迅速增长。这个时期不仅需要饲喂含蛋白质高的昆虫和肉食类饲料，还要饲喂矿物质饲料。同时，要根据每天饲料的消耗状况，及时调整饲料的饲喂次数和数量，做到定时、定质、定量，保证蜈蚣食物充足，以免影响正常发育。

另外，3龄蜈蚣与成年蜈蚣性腺都已发育成熟，每年的立夏至立秋期间，怀卵的蜈蚣要开始产卵和抱卵孵化。而产卵、孵化期蜈蚣需要消耗大量的营养，故产卵和孵化后应与产卵前一样，要保证饲喂足够的饲料。在入冬前，应多喂一些含蛋白质和脂肪较高的饲料，以增加蜈蚣的营养储备，使雌蜈蚣翌年开春提前发情交配产卵。

（2）**温度** 3龄蜈蚣与成年蜈蚣生长发育的适宜温度为25～32℃，交配、产卵、孵化也大都在这个温度范围内进行。若温度低于20℃，蜈蚣生长发育则受到抑制，并且可能停止交配产卵，孕蜈蚣会由于低温而迟迟不产卵，正在抱卵孵化的蜈蚣会延长孵化时间。温度过高，则会造成卵粒烧死和蜈蚣体内大量失水而死亡。所以，此期间要注意控制好温度。

（3）**湿度** 3龄蜈蚣与成年蜈蚣所需的空气相对湿度稍偏高一些，一般为90%左右，窝土湿度为20%～30%。空气和窝土的湿度直接影响其食欲、产卵期、产卵率和孵化率。若长期处在干燥环境，会使其停止生长或卵粒失水干瘪，影响繁殖后代。若湿度偏高，又长期潮湿，也不利于蜈蚣生长繁殖，易使卵粒发霉腐烂和促进致病微生物的繁殖和蔓延，造成真菌性病害而导致死亡。因此，在日常饲养管理中，一旦发现湿度变化，要及时加以调节。

（4）**饲养密度** 3龄蜈蚣与成年蜈蚣的饲养密度不宜过大，一般为每平方米放养400～500条。在饲养过程中，要做好产卵和孵化蜈蚣的隔离单养和幼蜈蚣的分离工作。尤其是群养时，发现有要蜕皮的个体，应及时进行隔离。因刚刚蜕皮的个体，无抵抗能力，极易遭到其他蜈蚣的残食。

4. 孵化期的饲养管理

（1）**隔离怀卵雌蜈蚣** 抱卵蜈蚣如受惊扰会吃掉卵粒，甚至吃掉幼体。因此，在孵化期间要保持环境安静，尽量避免各种因素的干扰。在同一个养殖池内，雌蜈蚣不会在同一时间里产卵，产卵有先有后。尚未产卵的雌蜈蚣和雄蜈蚣的活动常常会干扰正在产卵或抱孵的雌蜈蚣，有的甚至抢食卵粒。因此，最好把雌蜈蚣于产卵前移至另池单独饲养，以使雌蜈蚣能安全产卵和孵化。

（2）**增加喂食量和营养** 蜈蚣在孵化期间不吃食，也不喝水，全靠消耗贮存在体内的营养以维持生命活动。同时，雌蜈蚣在产卵前，都有大量摄食积累营养物质的习性。因此，在产卵前要给雌蜈蚣增加投喂量和投喂营养丰富的饲料，特别应注意增加含脂肪、蛋白质较多的饲料，以保证蜈蚣在孵化期间基本能量的需要。

（3）**注意夏季降温** 蜈蚣孵化的适宜温度为 23～28℃，空气相对湿度约为95%。蜈蚣抱卵孵化正值夏季，气温高，如不采取降温措施，孵化池、缸、巢内的热气难以散失，造成温度过高，易使卵粒烧死，蜈蚣体内水分丢失而被灼伤，甚至死亡。因此，应采取多种降温措施，如通风、洒水等。一般每天用壶洒水1次，以保持湿润。但应注意，洒水时应顺着缸（箱）的壁慢慢洒，不要把水直接喷洒在巢内，以避免卵粒发霉腐烂。

（4）**保持安静环境** 一般在同一个养殖池内，雌蜈蚣产卵时间不一致。未产卵的雌蜈蚣常干扰破坏产卵和孵化的正常进行，有的还抢食卵粒。因此，雌蜈蚣产卵前应分开饲养，或在大养殖池内用玻璃片、无底玻璃杯或罐头盒等进行隔离。

蜈蚣抱卵育幼期间，对惊扰、震动、强光、强声等均有一定的过激反应，常发生吃掉卵粒和幼体的现象。所以养殖室一定要选择安静、阴暗的场所。室内最好安装红光灯，并用布或竹帘遮挡窗户，以防强光照射。对使用孵化缸（箱）孵化的，应事先安置好器具，一旦产卵，轻易不要移动。不要随便移动遮护的玻璃片，也不要用手电筒照射。

孵化结束后，幼蜈蚣虽然暂成团群集，但是亦可单独活动和寻食，易出现争夺食物和大吃小的现象，所以应及时将雌蜈蚣移出或将幼蜈蚣分窝饲养。

（三）不同季节饲养管理

1. 春季饲养管理

春季到来，气温开始回升，地温也慢慢升高，经过几个月冬眠的蜈蚣开始苏醒、出来活动和觅食。这一时期重点应注意做好以下工作。

进入春季，气温虽然回升，但还不是很高，昼夜温差较大。即使在采取供暖的情况下，因夜间温度仍然较低，蜈蚣的活动量也还是很小，消化能力也很低，白天风和日暖时能出来活动，夜里就基本不活动或很少活动，这一时期蜈蚣的体质较弱，遇到持续低温有可能就会被冻死。所以在管理上，清明前后原有防风保温设施还不能拆除，等温度稳定在15℃以上时再行拆除。蜈蚣在室温15℃以下时，夜里出来寻食的还不多，此时可以不给饲料或少给饲料，可以不给饮水。当气温超过15℃时，出来活动的蜈蚣数量可以达到30%左右，这时可以给一些容易消化的饲料，如煮熟的胡萝卜、肉末、青菜等。水槽里要添满清洁水，同时给养殖池里的瓦片上洒少量的清洁水，以补充潮气。洒水应在风和日暖的中午或晚上进行，以增加环境湿度，使蜈蚣冬眠苏醒后能很快恢复身体的水分含量，尽快进入正常生理代谢状态。

随着气温升高，蜈蚣的活动量增加，消化能力逐渐增强，食量也开始大大增加。此时如果饲料供应不足，势必会导致蜈蚣体质恢复缓慢，变弱，甚至生病死亡；活下来的因体质差，产卵推迟，所产的卵孵化率低，孵出的幼蜈蚣成活率也低。

清明前后环境空气相对湿度应控制在50%～60%，随着温度的升高，小满后湿度可增加到75%～80%。

2. 夏季饲养管理

4月底至5月初天气已经变暖，蜈蚣出来活动的数量剧增，活动量也越来越大，采食量也随之增加。尤其是环境温度达到25℃时，是蜈蚣生长发育最适宜的时期。这时期也是成年雌蜈蚣产卵前的身体复壮阶段。应注意做好以下工作：

将前1年繁殖的幼小蜈蚣与成年蜈蚣分开饲养。这样不仅能对成年蜈蚣按其需要增加饲料量、增加湿度，从而保证其营养和生理需要；还可以在雌蜈蚣产卵、抱卵孵化时避免幼小蜈蚣的干扰，有利于雌蜈蚣的生产顺利进行。此阶段供给蜈蚣的饲料应以蛋白质为主，并适当补充些维生素含量较高的蔬菜，以保证成年雌体卵子发育时有足够的营养物质，所产的卵孵化率高，孵出的幼体蜈蚣健康、成活率高。

由于雌蜈蚣产卵后，要经过60天抱卵孵化时期，这期间雌蜈蚣不吃不动，所以随着产卵雌蜈蚣的增加，群体投饲量应逐渐减少。在一个繁殖群体中，产卵早的与产卵迟的个体有时能相差1个月，在这1个月内，既有产卵、抱卵孵化的，也有待产卵的，喂食量要由多到少，直到绝大多数都产卵，只需每天晚上供给一点饲料，以保证未产卵的吃食即可。这样经过1个月左右，产卵早的雌蜈蚣已经完成了抱卵孵化及抚育幼蜈蚣的任务，便开始出窝活动，喂食量再逐渐增加。

经过抱卵孵化后，有的雌蜈蚣比较瘦弱，一旦发现应把它们拣出来单独饲养，并供给充足营养丰富的饲料，以保证它们得到充足的养料，尽快恢复体质。

在气温升高时，水槽或水盘内应保证充足的清洁饮水，使蜈蚣随渴随饮。

在夏季经常有阴雨天气，空气湿度较大，这时不要在养殖室内洒水。若湿度过大，还应在养殖池上方架设15瓦的灯泡，以提高温度，驱除潮气。另外，在夏季阴雨天气，蜈蚣活动特别活跃，这时管理人员应注意经常检查窗纱盖是否完好，特别是暴风雨来临之前，一定要及时仔细检查，一旦发现破损处，应立即修补，以防止蜈蚣逃跑或天敌入侵。

3. 秋季饲养管理

立秋后，天气转凉爽，白天和晚上温差加大，这时蜈蚣进入了交配期，饲养管理也十分重要。应重点做好以下工作。

（1）**立秋到处暑**　这一段时间，气温还比较高，成年蜈蚣正处在交配阶段。有的蜈蚣经过2个月抱卵孵化，体质消耗还没有得到完全恢复，这时供给的饲料要营养丰富、数量充足。最好供给黄粉虫、蝇蛆、黑粉虫、蚯蚓等鲜活的饲料虫，或肉末、蛹等高蛋白饲料。如过的饲料供给不足，或营养不丰富，体质恢复缓慢，将会影响下一时期体内营养贮备，对越冬造成不良影响。

（2）**处暑到秋分**　这一时期可能出现秋雨连绵，空气湿度大，天气阴冷，夜间气温下降，会对蜈蚣正常的生长发育造成一定的影响。解决的办法是在池内撒一些干土，帮助吸潮，以降低池内湿度。同时注意绝对不能再洒水，保持养殖室（池）内通风良好。

（3）秋分以后 秋分后蜈蚣体内的水分减少，进入冬眠前的准备阶段。这时应将水槽内的水分放掉，只供食不供水。蜈蚣是变温动物，体内水分大时，贮存营养物质的量就减少，这样经过冬眠后体内物质不仅消耗大，第2年体质较弱，而且不利于冬季抗御寒冷。所以，在停止饮水以后还要加大饲料的投喂量，为冬眠前体内贮存营养物质奠定基础。

当年孵出的幼蜈蚣，在进入冬眠以前也是一个关键时期。如果这一时期饲养管理不到位，体内没有贮备足够的营养物质，经过冬眠又消耗了一部分营养物质，到了第2年春季，体质恢复就比较缓慢，容易造成死亡。

幼蜈蚣在出壳后15天内，多是生活在雌蜈蚣的怀抱中，靠消耗胚胎发育时期没有吸收完而被包在体内的一部分营养物质来维持生命活动和生长。此时期不要让幼蜈蚣过早地离开母体，否则其会因离开母体过早，对环境不适应而造成死亡。幼蜈蚣离开母体后，正处于夏末秋初气温较高的时期，也是幼蜈蚣活动量大、食欲旺盛、消化能力强、生长发育快的时期。因此，在饲料供给方面要选择适口性强、易消化的牛奶和葡萄糖等饲喂，待其有了较强吃食和消化能力后，再供给蝇蛆、黄粉虫、黑粉虫、小蚯蚓、鼠妇等动物性蛋白饲料，以增强体质，为离开母体后第1次蜕皮做好营养储备。

这时期养殖池的空气相对湿度要控制在70%～80%，不宜过大，否则会使幼蜈蚣体内水分增大，出现蜕皮性死亡现象。较为严重者不能正常冬眠，冬眠期间死亡，即使第2年苏醒也常因体质弱而死亡。

幼蜈蚣第1次蜕皮后身体处在柔软状态并有腥味，不能爬或爬行缓慢，这时最容易受到蚂蚁等天敌的伤害，因此在养殖池内可喷些醋或酒，以去除或减弱腥味。

4. 冬季饲养管理

霜降前后，蜈蚣开始逐步向饲养土深层移动，活动减少，食量减少，开始进入冬眠状态（蜈蚣进入冬眠的温度：南方8℃左右，北方2℃左右）。应重点做好防寒保温和防鼠工作。

防寒保温的方法是：在养殖池的瓦片上撒一层4～8厘米厚的细而松软的土。必要时应在覆盖土内加入一些稻糠或麸皮，以增加蓬松性，保温性能也好。随着天气的日渐寒冷，还可以在养殖池或饲养缸、箱上加盖草帘。养殖室也要做好防风保暖工作，保证室温和池内温度不低于2℃。有条件的，在养殖池周围堆积一些锯末、麦糠、稻壳等，也可以起保温作用。如果养殖池是设在遮阴棚下的，没有大棚挡风墙的，可以砌上临时墙保温，或用塑料薄膜遮起来，第2年春暖花开后再拆除。

整个冬眠期养殖池每半个月要通风1次，通风工作应在风和日暖的中午进行，通风时要揭开草帘和纱网盖，通风换气1～2小时。同时检查纱网盖是否有破损，若发现有破损的地方，首先检查有无老鼠钻进瓦片的迹象，如有钻进老鼠的迹象，应及时清理、捕鼠，然后修理好破损的网盖，防止老鼠等天敌再次进入。

第四章

蜈蚣病害与敌害防治

疾病是蜈蚣养殖生产的大敌，常常会造成很大的危害，使饲养者在经济上蒙受重大损失。因此，在蜈蚣养殖过程中，必须贯彻预防为主、防重于治的原则，做到有病早治、无病早防、综合防治，以确保蜈蚣养殖业健康发展。

一、蜈蚣疾病发生原因

蜈蚣疾病主要是由三种因素相互作用而发生，即生态环境、病原微生物和蜈蚣的机体状况。

（一）生态环境

蜈蚣对外界生态环境的变化比较敏感，当受到惊吓、捕捉、运输、温湿度突然变化等因素刺激时，容易诱发机体产生应激反应，导致机体抵抗力下降而患病，尤其是外界温湿度的变化是导致蜈蚣疾病发生的主要生态因子。蜈蚣是低等变温动物，外界温度的变化直接或间接地影响到其生长发育、繁殖以及新陈代谢活动，蜈蚣的春亡就是因为蜈蚣冬眠后，机体抵抗力较弱，而春天气候变化无常，影响蜈蚣机体正常生理、代谢功能的恢复而造成的死亡，若湿度过大，则利于各种病菌、寄生虫的大量繁殖，成为蜈蚣疾病的根源。

（二）病原微生物

蜈蚣的病害大多数是因病原微生物引起的。病原微生物主要有细菌类、真菌类和病毒类等，它们所引起的病害称为传染病，具有传染性，既可由蜈蚣个体之间直接接触传染，同样也可通过人、畜、昆虫、饲料、饮水和用具等间接传染。因此，传染病传播快，不易根绝，危害性最大。另外，还有一些寄生虫病害，又称侵袭病，系由于动物体内外寄生虫而引起，具有流行性，主要病原为原虫、蠕虫、蜘蛛和昆虫等，其危害面广，影响也较大。

病原微生物的存在不一定就会引起蜈蚣患病，只有具备一定的条件时才会发生疾病。如病原体应有足够的数量，并通过各种途径（如污染了的食物、空气和饮水等）进入蜈蚣体内，同时在蜈蚣机体抵抗力较差的时候，才可能引起疾病。

（三）蜈蚣机体抵抗力

单纯的环境不适，或者虽然存在许多病原微生物，蜈蚣不一定会发病，只有上述情况结合蜈蚣抗病能力弱的时候才容易发病。因而蜈蚣抗病能力的强弱直接关系着是否发病。

蜈蚣机体抵抗力弱可以通过许多途径提高，如定向培育，或者利用杂交优势，避免种蜈蚣长期近亲交配繁殖。也可以从加强饲养管理入手，给蜈蚣创造一个良好的生态环境，供给营养丰富而全面的饲料等，以增强蜈蚣机体的免疫和抗病能力，从而减少疾病的发生和传播。

二、蜈蚣养殖场卫生防疫

蜈蚣不像一般畜禽动物那样容易发生传染病而造成大批死亡，但是，如果养殖室内卫生条件不好，温湿度不适宜，饲料和饮水不卫生，也会导致蜈蚣患病，严重者会造成大批死亡。因此，养殖场对疾病必须要坚持防重于治的原则，建立一套以预防为主的卫生防疫制度，并严格执行，以保证蜈蚣健康生长、发育和繁殖。

蜈蚣养殖场的卫生防疫主要包括场区及养殖室（池）环境卫生、食物卫生、蜈蚣垛（窝穴）消毒等三个方面。

（一）环境卫生

对于养殖室内堆放的粪便、食物残屑以及死亡的蜈蚣，应及时清除，不留污物、残渣，保持清洁卫生，以免养殖室（池）内细菌滋生，引起疾病发生和蔓延（图4-1）。

消毒药

用具阳光下暴晒

图4-1　蜈蚣养殖场消毒

（二）食物卫生

所谓的食物卫生，主要是指蜈蚣的饲料和饮水卫生。蜈蚣的饲料主要有两个来源，一个是人工配制的配合饲料，另一个是人工饲养的动物性饲料。尤其是人工饲养的动物饲料，卫生需要从饲料动物培育时就要抓严管好。绝对不能投喂变质腐败的食物，以免引起传染病发生。

饮水要保持清洁卫生、充足，不能饮用放置多日的旧水、死水，更不能给饮污水、脏水。

（三）防疫消毒

目前，还没有用于预防蜈蚣疾病的疫苗，只有靠搞好消毒卫生工作来降低疾病的发生率，提高蜈蚣的成活率。所谓消毒，是指用物理、化学、生物等方法杀灭或清除致病微生物。消毒工作可分为以下几种。

1. 环境消毒

养殖场区应定期清除杂草、垃圾，环境打扫完毕后用 5%～10% 甲醛溶液或 2%～3% 氢氧化钠（烧碱）热溶液喷洒消毒。

2. 室内消毒

新建蜈蚣养殖室（池）或使用中的养殖室（池）在蜈蚣成批转出后，必须彻底打扫干净，然后进行消毒。可用 5% 来苏儿溶液喷洒消毒；也可用高锰酸钾、甲醛熏蒸消毒，消毒后，待气味散尽方可再投放新的蜈蚣群饲养。一般情况下，谢绝非养殖人员参观和进入养殖场（图 4-2）。

图 4-2 养殖场禁止外人进场

3. 设施及工具消毒

养殖室（池）内的设备和工具在养殖蜈蚣过程中可能会有病原微生物附着滋生。因此，凡是能搬动的设施设备都必须定期搬出养殖室（池），进行消毒处理后，再重新使用。对于大型工具或设施可用 5% 来苏儿或 0.4% 甲醛溶液喷洒消毒；对于养殖器皿等小型用具，可用 0.1% 高锰酸钾溶液浸泡消毒。

4. 发病蜈蚣室（池）消毒处理

如果发现养殖室（池）内有病死蜈蚣，特别是有发霉现象的死蜈蚣后，应立即采取措施。先将健康蜈蚣移到其他养殖室（池）内，然后再立即清除污物和陈旧饲养土，并对室内和垛体进行消毒处理。室内消毒可以用 5% 来苏儿溶液喷洒，也可以用 0.02%～0.04% 甲醛溶液喷洒。对垛体也可以用火烧的方法达到彻底消毒的目的。

三、蜈蚣常见病虫害防治

（一）消化道炎症

【发病原因】

（1）**饲料腐烂变质**　是引起蜈蚣消化道炎症最常见的原因，尤其是在高温季节，由于蜈蚣饲料多是一些高蛋白的昆虫类组成，而且富含水分，多汁液，投喂前一般都要先进行处死，如处死后存放时间过长，极易发生腐烂变质，若被蜈蚣摄食，便会引起急性消化道炎症。

（2）**饲料动物身体带毒**　一般情况下，蜈蚣的常规饲料动物自身不会产生对蜈蚣有毒的毒性物质，饲料动物带毒主要是生长环境中存在着有毒物质，侵入饲料动物体内，而饲料动物对毒物不敏感，或尚未发病、发病反应不明显，从而使饲养者很难察觉，这种饲料投喂后会很容易引起蜈蚣发生急慢性消化道炎症。

（3）**饲料投喂量掌握不好**　有时投喂蜈蚣的饲料过少，造成有些蜈蚣过度饥饿后，次日投喂量又猛然增加，致使这些饥饿的蜈蚣摄食过多，此时若温度骤降，则必然会发生消化不良，食物在消化道中因停留时间过长，进而发酵而引起炎症。

【发病特点及症状】

患病蜈蚣往往会同时发病。一般患病蜈蚣先是消化不良，腹部胀大、疲软，继而出现腹泻，食欲废绝，然后随着炎症产生有毒物质侵入全身组织内，蜈蚣发生内中毒，头部充血呈紫红色，全身瘫软无力，行动迟缓，毒钩全张，最后无力爬行，多死于瓦片之下或其他隐蔽处，很少死于饲养土中。解剖检查死亡蜈蚣，可见其肠膜温暖潮红，有溃烂，腹腔内有淡黄色液体，肠内粪便稀薄而且恶臭。

【防治措施】

（1）**严格控制饲料质量**　投喂新鲜活饲料动物，应做到现采现处死现喂，喂不完的活饲料动物可存放起来，留作下次投喂；而处死后的饲料动物剩余的最好丢弃，发现饲料腐烂变质，决不能投喂。

（2）**对于配套自繁自养的饲料动物**　在养殖过程中应注意饲养环境、饲料、饮水等中不要使用一些可能致蜈蚣生病的物质，如重金属性药物、某些消毒药水等，同时要保证饲养土、饲料、饮水甚至空气不被病原体污染，一旦发现染病饲料动物应及时分析检查致病原因或病原的种类、可能的感染范围，以决定该批饲料动物是否能再使用。

（3）**对于野外捕捉饲料动物**　应尽量在那些没有农药、化肥及其他一些有害物质污染的地域捕捉，捕捉时，还应检查该区域是否有同类动物死亡，以确定捕捉的饲料动物是否已患上疾病等。

（4）**清池**　将患病池中的蜈蚣全部清理，放于若干小容器内，根据具体症状表现，将它们分为健康群、可疑群与患病群进行隔离养殖，而池中的饲养土则全部清除出去，更换新土，池中所有用品，如饮料盘、水盘或水槽、瓦片等全面消毒、暴晒后再利用。

（5）**注意降温御寒**　在气温暴升陡降的季节，气温陡降的时候，应关闭门窗，必要时适当开启升温设施以保证气温相对稳定，注意不要造成饲养舍内烟尘或煤气污染。

（6）**药物治疗**　对于患病或可疑蜈蚣，下列药方可供参考：

①磺胺脒 0.5 克、多酶片 0.6 克，压成粉，动物饲料 200～300 克绞碎，三者混拌均匀，每日投喂 1 次，连喂 3 天。

②黄连粉 2 克、多酶片 1 片、全脂奶粉 5 克，溶于 100 毫升温开水中，拌匀后，用海绵吸收放入养殖池内，让蜈蚣吸吮，每天 1 次，连喂 3 天，注意海绵应每天更换，这种治疗方法主要针对小蜈蚣。

③腹可安 0.5 克，压成粉，动物饲料 500 克绞碎，两者混拌均匀，每天投喂 1 次，连喂 2 天。

（二）腹 胀 病

腹胀病也称消化不良，是蜈蚣消化道功能发生障碍而引起的一种生理性疾病。该病多发生于早春和秋季阴雨连绵的低温时期。

【发病原因】

由于饲养管理不当，如投喂饲料不正常，时多时少，致使蜈蚣一次吃食过多；或由于饲养土温度和饮水温度偏低，蜈蚣受凉而导致消化不良，都容易引起此病。

【发病特点及症状】

患病蜈蚣初期主要表现头部呈紫红色，毒钩全张（图 4-3），食欲减退，甚至不食，腹部胀大，行动迟缓。发病后 7 天左右如不及时治疗可导致死亡。

图 4-3　蜈蚣腹胀病

【防治措施】

（1）食母生 1 克，加水 500 克拌匀，放到饮水盘中，让蜈蚣自行吸吮，同时要提高养殖室（池）内温度。

（2）磺胺片 0.5 克，研粉后加 300 克绞碎饲料中拌匀，隔日喂食 1 次，直至病愈。

（三）胃肠炎

胃肠炎是蜈蚣常发的一种胃肠功能障碍性疾病，多在秋后、阴雨、低温时期发病。

【发病原因】

饲料腐烂变质，滋生大量病菌，蜈蚣吃后容易感染而致病。此病多发生在气温偏低而潮湿的季节，或气温高的夏季。那些饲养管理差的养殖池（室）容易发生。一旦发生本病，整个饲养场内流行很快，造成大量蜈蚣的死亡。

【发病特点及症状】

发病初期蜈蚣出现消化不良、腹泻，摄料减少或停止；继而全身发生内中毒，头部充血呈紫红色，行动缓慢，毒钩全张，最后常因体弱消瘦，无力爬动，死于瓦片之下，一般多见于早上水

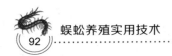
盘附近。该病无传染性。剖检死亡蜈蚣可见肠黏膜潮红，脱落，体腔内有淡黄色的黏液，肠内粪便稀烂恶臭。

【防治措施】

参见"（二）腹胀病"相关内容。

（四）消化不良

该病是蜈蚣消化道功能发生障碍的一种常见生理性疾病。

【发病原因】

（1）饲养管理不良，投喂饲料不规律，时多时少，致使蜈蚣突然吃食过多，或投喂发霉变质的饲料，引发该病。

（2）养殖室（池）内饲养土温度和饮水温度太低，导致消化道功能下降，也容易引发此病。

【发病特点及症状】

由于消化道内的饲料积聚而过度发酵，产生大量的气体，导致蜈蚣腹部膨胀突起似腰鼓，活动迟钝，采食停止，严重者会因过度腹胀而死亡。

【防治措施】

（1）多酶片或酵母片1克，全脂奶粉5克，溶于100毫升温水中投喂，每天1次，喂至痊愈。

（2）大蒜10克，捣烂取汁，加入100毫升温水中供饮，每天1次，至痊愈。

（3）复合维生素液10毫升，加入100毫升温水中供饮，每天1次，至痊愈。

（五）咽喉部溃疡

该病是近年来才被发现的由假单胞菌引起蜈蚣的一种急性暴发性传染病。

【发病原因】

该病由铜绿假单胞菌感染蜈蚣所致，多发于高温季节。

【发病特点及症状】

主要表现为蜈蚣口腔不能启闭，口内流出分泌物黏液，病蜈蚣不能采食、吞咽，精神萎靡不振，最后常因衰竭而死亡。

【防治措施】

（1）加强饲养管理，搞好环境卫生，不喂带菌饲料动物，是预防本病的有力措施。

（2）对患病蜈蚣可用甲砜霉素 0.25 克，研粉后加入 300 克绞碎饲料中，拌匀，隔天喂食 1 次，直到病愈。另外可以用复方新诺明 0.2 克或丁胺卡那霉素 0.15 克，研粉后加入 500 克绞碎饲料中拌匀，隔天喂食 1 次。

（六）脱　壳　病

脱壳病是由于蜈蚣身体虚弱感染真菌，致使脱壳时间延长的一种真菌性疾病。

【发病原因】

蜈蚣栖息场所过分潮湿，或饲养管理不善，导致蜈蚣营养不足（尤其是矿物质缺乏），造成蜈蚣身体虚弱，脱壳时间延长，使真菌在躯体寄生而引起发病。

【发病特点及症状】

患病初期蜈蚣表现极度不安，来回爬动，或几条交织在一起；后期表现全身无力，行动滞缓，不食不饮，最后身体衰竭而死在养殖池四周。

【防治措施】

（1）**隔离**　清除病死蜈蚣尸体，隔离患病的个体，并及时进行治疗。同时转移健康个体，对原来的养殖池进行消毒。

（2）**药物治疗**　土霉素 0.25 克，食母生 0.6 克，钙片 1 克，共研成细末，加入 400 克绞碎饲料中拌匀，连喂数日，直至病愈。

（七）黑 斑 病

黑斑病又叫绿僵霉病、绿霉病，由一种绿霉菌寄生在蜈蚣体表而引起，是人工养殖蜈蚣最常见的病害，往往造成当年出生的幼小蜈蚣大批死亡，有时成年蜈蚣也会感染死亡。多发生于6月中旬到8月底的高温潮湿季节，此时是各种霉菌生长最旺盛的季节。

【发病原因】

当饲养房通风、透光差或温度过高时，由于饲养管理人员的喂食、观察等活动或投喂饲料将绿霉菌带入饲养房，病菌污染蜈蚣身体，便会体表大量繁殖而致蜈蚣发病。

【发病特点及症状】

发病初期，蜈蚣的胸板（也叫腹板）或两个体节折叠的皮膜上，或附肢的关节皮膜上，常出现黑色或绿色的小斑点（霉菌菌丝放射出的孢子），继而体表失去光泽。随着病菌进一步扩散、繁殖和侵害，病蜈蚣出现附肢僵硬，难以爬行，行动呆滞迟缓，离群且常常天亮也不归窝，同时出现不食不饮，逐渐枯瘦，腹面完全变黑，最后衰竭死亡。死亡的蜈蚣多在饲养土表面、活动场或瓦片上。

霉菌孢子可弹射于空气中或散落于饲养土上或运动场上，沾染健康蜈蚣机体，引起病变。因而本病传播速度快，常常引起当年出生的幼蜈蚣成批死亡，大蜈蚣感染后出现部分死亡。

【防治措施】

（1）**平时加强管理**　饲喂蜈蚣的食盘、水盘和各种用具等应经常性刷洗干净尤其是在高温梅雨季节，要经常用对蜈蚣无害的消毒液对用具进行消毒，以起到预防作用。

（2）**调节好温湿度**　在长时间阴雨天气，应加强饲养房舍通风，必要时开启排风设施，以加强饲养房内外空气对流，减少霉菌繁殖的机会；若养殖池中饲养土过湿，可部分更换新的干燥饲养土，达到调节饲养土含水量的目的。

（3）**细心观察** 平时要加强蜈蚣群的观察，尤其在高温梅雨季节，发现活动异常、体表色泽异常等的个体，应及时捉出仔细检查，一旦确定为绿僵菌病，应立即销毁做无害化处理，并对养殖池全面清理，将所有的蜈蚣逐个仔细检查，发现患病个体立即挑出作无菌处理，对剩余的个体放于盆中移出饲养房进行隔离观察。对发病池的饲养土泼洒消毒液后，全部清除，养殖池及用具等一并进行严格的消毒处理，一般可选用1.2%甲醛溶液或1%～2%漂白粉等进行消毒。

（4）**消毒** 对养殖池周围、饲养房的墙壁、门窗及空气都应用1%～2%漂白粉溶液喷雾消毒，以杀灭房内可能残留的绿霉孢子，防止再传播。同时饲养人员在操作时也应注意自身的消毒和卫生工作，每间饲养房门口最好设有消毒池，每间饲养房最好配有相应的工作服、工作帽等，一般不应串房，必须串房时应进行消毒、更衣。

（5）**保证饲料质量** 注意饲料质量，一般白天投喂活饲料，并且投喂的饲料不得带菌。能携带该种病菌的饲料动物，主要是与蜈蚣一样具有外壳的昆虫等。另外，饲养土中不要添加肉、骨头、腐熟畜粪以吸引虫类供蜈蚣食用，因为这些有机质在饲养土中往往会成为霉菌的培养基地。

（6）**合理使用抗生素等添加剂** 在饲料中适当添加抗生素、葡萄糖、维生素等，有利于提高蜈蚣的抗病力。金霉素0.25克，葡萄糖5克，维生素B片0.5克，与500克饲料拌匀投喂。

（7）**紫外线灯照射** 可以在池内（巢外）安装紫外线，通过照射杀死致病霉菌，加以预防或辅助治疗。

（8）**分开养殖** 由于该病多发生于当年出生的体表尚未长好的小蜈蚣，因此，当年孵出的小蜈蚣最好放入盆及小容器中与大蜈蚣分开养殖，这样一旦发现某一盆中的蜈蚣染病，可快速处理，较好地控制病情蔓延。

（八）铁丝虫病

铁丝虫病是由铁丝虫寄生于蜈蚣体内而引起的一种消化道寄生虫病。

【发病原因】

寄生于蜈蚣体内的线虫又叫铁丝虫，主要是由于饲喂带虫的饲料动物（如大青蝗等昆虫）而引起。该虫主要寄生于蜈蚣的消化道内，甚至穿过肠壁，在肠外盘曲如铁丝状，因此而得名。该虫在蜈蚣体内吸食蜈蚣体液，造成蜈蚣生长缓慢，身体瘦小。尽管该病不会呈暴发性发生，但对蜈蚣养殖能造成大面积危害，尤其是随着人们对动物产品质量要求的不断提高，该病将来可能会成为影响蜈蚣商品质量的重要因素。

【发病特点及症状】

患病蜈蚣生长缓慢，发育不良，瘦弱体轻，无活力，体背黑色无光泽。

【防治措施】

防治该病主要是减少或不喂大青蝗、蚱蜢等易携带铁丝虫的昆虫类饲料，而改喂蚯蚓、黄粉虫等，保持饮水清洁卫生。

当频繁发现蜈蚣群中有铁丝虫病发生时，可用0.1克驱虫净粉碎后与5克全脂奶粉拌匀，溶解于100毫升温水中，用海绵吸取后放入养殖池（箱）内，供蜈蚣自由吸吮，即可驱虫。

（九）粉 螨 病

粉螨病是由粉螨寄生于蜈蚣体表而引起的一种体外寄生虫病。

【发病原因】

粉螨是一种体长不到1毫米的蛛形动物（图4-4）。在夏季高温天气里，如果养殖室（池）湿度过大，很容易造成粉螨大量繁殖，此时，若有蜈蚣正在蜕皮或有仔蜈蚣存在，很容易被粉螨寄生。粉螨寄生后，会吸食蜈蚣体液，消耗大量的营养物质，使蜈蚣快速消瘦，最后衰竭而死亡；粉螨还会产生毒素刺激蜈蚣，使蜈蚣无法进行正常的摄食、饮水等生命活动；由于粉螨咬破了蜈蚣的皮层，使蜈蚣容易被病原菌感染而继发传染病。因此，在粉螨病发生时，如处理不及时，还常常会诱发其他疾病。

图 4-4　粉螨

【发病特点及症状】

被粉螨寄生的蜈蚣表现极度不安，常常在活动场或饲料土上独自漫无目的地快速爬行，有时回头试图舔背部，即使不向前爬行时，有些附肢也有刨、扒的动作。这种现象最先发生于刚蜕皮不久的蜈蚣或当年出生的幼蜈蚣。随着病程的发展，同群中其他蜈蚣也开始陆续发病，患病蜈蚣逐渐消瘦，最后衰竭而死，有时还会继发其他病原菌感染，死亡率升高。悉心观察饲养土能发现其中有蛛形动物即粉螨活动，检查被感染蜈蚣的体表也可以发现粉螨。

【防治措施】

目前本病尚无很好的药物用于防治，因为能杀死粉螨的药物往往对蜈蚣也有很大的毒害作用，建议从管理上加以控制。

（1）搞好饲养舍的通风透光、防暑降温工作，保持良好的饲养环境。

（2）搞好饲养室内堆放的杂物整理与卫生，工作服应经常清洗后放太阳下暴晒，必要时进行高温处理，以杀死其上可能附着的粉螨或螨卵。

（3）发现有粉螨发生，应将全池蜈蚣悉数清理出来，清除原有饲养土，全池、全舍喷洒除螨药物，如敌百虫、氯杀螨醇，并将饲养舍封闭一段时间再启用。

（4）发病蜈蚣群清出后，应将处于蜕皮期的蜈蚣、幼嫩蜈蚣、健康蜈蚣与可疑蜈蚣分开，分别放入小盆中，间断性地放于太阳下暴晒，以驱赶粉螨。每次暴晒时间在 30 分钟左右，每隔 30 分钟 1 次，暴晒后，快速将蜈蚣逐条捡入另一盆中，原有盆消毒后使用前放于紫外灯下照射 30～40 分钟，具有一定的效果。

（5）把一块带肉晒至半干的猪骨头于白天放在饲养土上或活动场中，每隔 2～3 小时，将猪骨头取出在阳光下暴晒 30 分钟左右，以清除粉螨，有很好的诱杀效果，但此法不能用于未发病蜈蚣的预防，否则，有弄巧成拙的危险。

四、蜈蚣敌害防治

自然界中危害野生蜈蚣的天敌主要有鸟纲、爬行纲、两栖纲和哺乳纲中的多种动物，这些天敌有些只在白天危害蜈蚣，如鸡、鸭、鹅、家鸽、啄木鸟、燕子，还有喜鹊、乌鸦、麻雀以及各种禽类等；有些昼夜均能危害蜈蚣，如壁虎、小蜥蜴、蛇以及蛙类等；有的甚至能危害入蛰休眠的蜈蚣，如老鼠等。

（一）蚂　蚁

蚂蚁虽小，但可以无孔不入，很容易侵入蜈蚣养殖池（箱），其不仅争夺蜈蚣的食物，同时还会咬食蜈蚣，尤其是防卫能力相对较低的幼小蜈蚣和正在蜕皮的幼蜈蚣，以及体弱病残的蜈蚣和处于繁殖期的雌蜈蚣，最易遭受蚂蚁的攻击。当蚂蚁数量较大时，即使是成年雄蜈蚣有时也难敌蚁群，最终常常被咬死、吃掉；如果蚂蚁数量少，只是零星几只，则蜈蚣能用触肢将蚂蚁一只只钳住送入口中吃掉，而摆脱危机。

蚂蚁侵入蜈蚣群后，一般会集聚起来，向蜈蚣发起集团进攻。攻击时，先是少数蚂蚁用强大的上颚钳住蜈蚣的步足，随后蚂蚁群起而攻之，最后造成蜈蚣死亡，蚁害对蜈蚣养殖威胁非常大。

【防范方法】

（1）建养殖池以前，先将地面土层夯实，防止蚂蚁打穴进入。在蜈蚣养殖房周围筑道小水沟，或把西红柿秧蔓切碎，撒在饲养区隔墙外四周（图4-5），也有一定的防蚁效果。

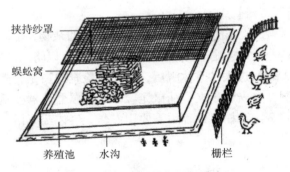

挟持纱罩

蜈蚣窝

养殖池　水沟　　　　栅栏

图4-5　防止蜈蚣敌害入侵措施

（2）检查养殖池（箱）培养土内有无蚂蚁、有无蚁穴潜存和蚁卵。

（3）对于没有放养种蜈蚣的养殖房（新建房或迁出后的空房），可用高锰酸钾和甲醛熏蒸消毒，几个小时后，再开门通风，清除残留气体，即可达到灭蚁的目的。

（4）如在蜈蚣窝内发现蚂蚁，可放入煮熟的肉骨头或含糖分的食物，如水果残核等诱食蚂蚁，然后聚而歼之。必要时进行翻窝换土，彻底清除。

（5）用灭蚁药粉撒在蜈蚣池（箱）周围，可以将蚂蚁毒死，并可起到较长时间内防蚁效果。灭蚁药也可以自制，配方如下：萘（卫生球）粉 50 克，植物油 50 克，锯末 250 克，将其混合拌匀后即可使用。

（二）老　鼠

老鼠善爬高，能打洞。它不仅危害蜈蚣和蜈蚣的饲料虫，而且还能危害入蛰蜈蚣和破坏建筑设施等。老鼠在夏季前后一般不敢轻易潜入蜈蚣窝，以防蜈蚣蜇伤。而到了冬季，当蜈蚣聚在一起不食不动，开始越冬时，老鼠便会乘机潜入冬眠的蜈蚣窝，连吃带咬，危害严重。

【防范方法】

（1）经常打扫垃圾和整理好养殖室内的杂物，消除老鼠的藏身之地；养殖室（池）内打水泥地板或铺砖，以防老鼠打洞入侵。

（2）蜈蚣进入冬季休眠后，应经常检查门窗是否严密，及时堵塞鼠洞，并安放鼠夹、捕鼠笼、电子捕鼠器等器械诱捕。为了蜈蚣的安全，在捕鼠过程中不要用农药、气体药灭鼠，以免蜈蚣中毒死亡。

（三）禽　鸟　类

蜈蚣一般多夜间出来活动，但在人工养殖池内饲养密度大的情况下，白天也有的蜈蚣会爬出来。养殖蜈蚣如果房檐不密闭或人员进出不关门，禽鸟就可能蹿进蜈蚣养殖室饱餐一顿，尤其是鸡对幼龄蜈蚣危害最为严重。

【防范方法】

为了防止禽鸟的危害，要堵严房檐、墙壁、门缝及漏洞，出入关门，养殖池上面必须加网盖，养鸡必须圈养或采取相应措施防止其进入养殖房，切忌将鸡、蜈蚣混养在一个房（院）内（图4-6）。

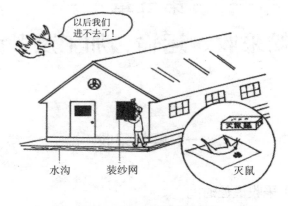

图4-6　防御蜈蚣敌害措施

第五章
蜈蚣采收、运输、加工及贮藏

一、蜈蚣采收

（一）采收最佳时间

人工养殖的蜈蚣，除了雌蜈蚣产卵孵化期不得采收外，其他季节原则上均可进行采收。但最好是安排在每年惊蛰前后。一方面此时采收的蜈蚣体内食物、粪便等杂物较少，加工质量较好，相关部门、企业也在集中收购；另一方面此时也正是蜈蚣选种选留、清池、做好本年度养殖准备工作的最好时期，结合搞好药用蜈蚣的采收，可收到事半功倍的效果。如果采取冬季加温养殖，可全年随时进行采收。

若是捕捉野生蜈蚣进行加工，则每年最好的采捕季节是清明之后、立夏之前的一个多月时间。因为这时的蜈蚣刚刚由冬眠进入旺盛活动期，栖居比较集中，捕捉比较方便，而立夏之后，成年雌蜈蚣进入产卵孵化期，多数体内有卵粒，难以烤干，烤制的干品也不易存放，容易生虫腐烂，极大地影响产品质量。所以，一般药材部门也只在每年春天收购蜈蚣，而立夏之后，则停止收购。

（二）采收标准

作为药用的蜈蚣，主要捕捉长度在 10 厘米以上的雄体和老龄雌体。捕捉时可以用镊子或竹夹夹住蜈蚣头部，放入容器中待加工。

一般药用蜈蚣的收购价格以蜈蚣干制品的长度而定，越长质量越好，价格也越高。在冬季即将来临、蜈蚣进入冬眠前，可采收已交配过的雄蜈蚣和已产卵繁殖 1 次以上的雌蜈蚣，以及不太健壮的成年蜈蚣或体衰的老蜈蚣。而生长达到 4 龄的雌蜈蚣，因此时都已达到药用和体长的标准，除选出一部分蜈蚣留种以外，其余的都可以当作商品蜈蚣进行加工处理。采收时，应该注意不能折头断尾，否则影响蜈蚣的品质和价格。

（三）采收准备工作

捕捉蜈蚣前最好做好防护工作，应穿袜子和高帮鞋，不可穿拖鞋，戴上橡胶手套，扎紧袖口和裤管。另外，还应准备长 15～20 厘米、宽 1.5 厘米的竹片及图钉，以及时将采收的蜈蚣进行加工处理。

（四）采收方法

采收人工养殖的蜈蚣，可结合饲养土的更换、养殖池的清理进行，一般将池内饲养土逐块地清理出来，把每一块土都用镊子或竹筷彻底扒散，发现蜈蚣则轻轻夹起，放于小型容器中。待全池清理完毕后，再根据种用目标选留种用蜈蚣，剩下的即做药用蜈蚣留待加工出售或继续养殖。用作药用的蜈蚣应达到药用的标准，即体长达到 10 厘米以上；尚未成年的蜈蚣，虽也可以作药用，但其品质低些，药效差，收购价格也相应降低，建议不予采收，应继续饲养。另外，产过卵的衰老蜈蚣、因交配而死亡的雄蜈蚣也都可以进行初加工后收藏起来，待以后一起出售。对于野生蜈蚣的采捕见第二章相关内容，在此不再重复。

二、活蜈蚣运输与临时存放

（一）运　输

在饲养管理过程中，经常会遇到转群或从外地购买种蜈蚣或出售蜈蚣，这都需要进行运输。尤其是从外地或较远地区购买蜈蚣种苗或销售时，其运输方法一定要注意，以选择正确的方法，不仅要保证运输过程中蜈蚣的成活率，而且还要保证到达目的地后蜈蚣的成活率。因此，活蜈蚣的运输要根据所运蜈蚣的数量、大小及路程远近而采用不同的方法，否则会在运输过程中造成死亡，带来不必要的损失。

1. 运输方法

目前主要有塑料桶运输、塑料盆运输和编织袋运输 3 种。

（1）塑料桶运输　是使用圆形塑料桶运输蜈蚣的一种方法。为了运输过程中蜈蚣在桶内能通风透气，可以先用烧红的铁丝或电钻等器械在桶盖及桶的上方多穿几个孔，孔的大小以蜈蚣钻不出来为宜。然后在桶内装入几块消毒好的纸质鸡蛋托，蛋托的高度离桶口 5 厘米左右，一是为了不让蜈蚣互相挤压；二是能使桶内形成一个暗的环境，避免蜈蚣见光乱跑乱动，产生应激反应。鸡蛋托的高度离桶口 5 厘米左右，这样，蜈蚣就不能从桶里爬出来跑掉。一般塑料桶以 0.15 平方米的底面积装 500～600 条蜈蚣为宜，桶大的或桶小的可适当增减。装好蜈蚣后把桶盖盖上，两对角黏上透明胶带或包装带。这样即使桶在运输中震倒或不小心碰倒，蜈蚣也不能从里面跑出来。同时要注意车辆运输时，在装蜈蚣桶之间放置几块湿海绵块，以调节车厢内湿度。

该方法适宜于运输少量的蜈蚣，即几千克或十几千克蜈蚣，长途或短途都适用。

（2）**塑料盆运输** 是使用方形塑料盆运输蜈蚣的一种方法。装盆时先在离盆口2厘米处，沿四周打1排或2排孔，打孔方法、孔的大小及数量参考塑料桶运输。把消毒好的鸡蛋托放几块到塑料盆中，然后把蜈蚣倒进去，一般规格为60厘米×40厘米×30厘米的盆子可装3千克蜈蚣，根据盆子的大小可适当增加数量。

若是蜈蚣运输量很大，又必须使用方形盆法运输时，可采用叠装盆法，即一个方形盆叠一个方形盆，垒叠高度一般3～4层，高者可达到7～8层，但是必须保证稳固不倒。为了加强盆子的稳固性，可用5厘米宽的透明胶带将每一叠的盆与盆之间与每一叠与每一叠之间连好，使其成为一体。若运输量不是很大，不需要叠装时，可在盆口上封上纱窗网，这样盆口周围就不需要再打孔。同时注意在盆之间放置几块湿海绵块，以调节车厢内湿度。

该方法适用于长途和大量运输蜈蚣，一般载重量1000千克的货车一次能运300千克左右。若是在盆中放置一些饲料虫，一般运输3～5天是没有什么问题的。

（3）**编织袋运输** 是使用尼龙编织袋运输蜈蚣的一种方法。运输时先将蜈蚣装入洁净、无破损、无毒害物的编织袋内，装运密度为每袋（40厘米×80厘米）300只左右，在离袋口5厘米处用包装带扎好袋口，以防止蜈蚣逃出。然后将编织袋平放入底部有海绵或纸板、纸团等的包装箱中，尽量使蜈蚣均匀分散，以减少其互相挤压造成损伤。在离下层编织袋3～4厘米处可用竹片或小木条搭一个平台，然后再放上一个编织袋，一般一个包装箱（200厘米×150厘米×150厘米）放3～4层为宜，一个包装箱可以装4～6千克蜈蚣。蜈蚣放好后，在包装箱内再放入几块湿海绵块，以调节箱内湿度，最后用宽5厘米的透明胶带将包装箱封好即可。

该方法适用于大量运输蜈蚣，但运输的时间不能太长，一般不宜超过1天，通常长途飞机运输或短途汽车等运输多采用此法。

2. 注意事项

夏天气温较高，在运输孕蜈蚣时可于包装箱内放入用塑料袋包装好的冰块或冷冻的瓶装水降温，以预防孕蜈蚣运输途中有热死或者早产行为发生。冬春季节，蜈蚣处在休眠期，一般不进行调运。遇到气温下降时，可使用厢式货车调运，或在包装箱上面盖上棉被等物保温防寒。

为防止颠簸对蜈蚣产生不利影响，可在装蜈蚣箱的下面垫上软纸板或海绵。一般宜用透气性良好的袋子包装蜈蚣。启运后要尽快到达目的地，以防蜈蚣遇到意想不到的有害因素。严禁使用装过化肥、农药及其他有毒有害物或被其污染的编织袋、塑料桶、盆等器具盛装蜈蚣运输。

在运输过程中，为防止光照刺激，尤其是强光直射，可在装运箱上盖一层黑布，同时也要注意防止运输途中遭雨淋。

（二）临时存放

如果是将蜈蚣转群，临时需要存放时，可用带盖的塑料桶，在盖上钻上几个小通气孔（孔的大小以蜈蚣不能钻出来为宜），于桶的底部填上 15 厘米厚的饲养土，土的上面再覆盖上一些树叶、短树枝条或鸡蛋托等，即可短时间存放蜈蚣。

三、蜈蚣加工与贮藏

（一）药用蜈蚣加工

蜈蚣是一种应用要求特殊的药材，只有掌握正确的加工方法，才能够得到满意的成品。根据蜈蚣的用途，通常分为药用蜈蚣的粗加工和蜈蚣深加工 2 种。

这里仅介绍药用蜈蚣全虫的初加工：先将采收的蜈蚣置入盆桶等容器内，用沸水烫死（也可用熨斗熨死），捞出后把尾端剪开，将蜈蚣腹内的粪便或虫卵，用手从头至尾挤出，然后用已备好的两端削尖、比蜈蚣体稍长的细竹签或竹片，一端先戳入蜈蚣头部腭下，另一端戳入蜈蚣尾部上端，借竹子的弹力，使其撑直。要注意竹签或竹片两端的粗度要适合，以蜈蚣不脱落或头尾不损坏为宜（图5-1）。然后再以5～10个蜈蚣为1排，用薄竹片夹好，放在阳光下晒干。阴雨天气可用炭火烘干，但注意不能烘焦。

图5-1　竹片撑直的蜈蚣

加工好的药用全蜈蚣成品应足干，呈扁长状，头部红褐色，背部黑绿色，有光泽，并有2条突起的棱线，腹部棕黄色，瘪缩，足黄色或红褐色，向后弯曲，最后一节如刺状，断面有裂隙或中空，气微腥，具刺鼻臭气，味辛而微咸，头尾部齐全无缺损、无破碎、无虫蛀、无霉变。一般按体长和完整性进行分级，通常将药用蜈蚣分为5个等级。

特级：完整成条，体长16.5厘米以上；

一级：完整成条，体长13厘米以上；

二级：完整成条，体长10厘米以上；

三级：完整成条，体长6.6厘米以上；

碎蜈蚣：干货为蜈蚣断条、单节或相连几节，背部墨绿色，

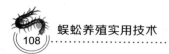

腹部黄色，无杂质，无虫蛀，无霉变。

（二）蜈蚣产品贮藏

将干燥后的蜈蚣轻轻取下竹签或竹片，操作时要注意防止折断头尾，以免影响质量。加工后的蜈蚣干成品要求虫体干净，身体挺直，头足齐全，无霉变，无虫蛀。虫体药材容易回潮、发霉、遭虫蛀，故应密封放置在干燥通风处贮存，以防发生腐烂变质。

凡是出口的蜈蚣，选个体大的先晒成九成干，然后将竹签或竹片去掉，以100条为1包，用厚纸包裹，再按每10包为1箱装箱，箱内衬上防潮油纸，箱表面以猪血涂封。不出口的则不要去掉竹签或竹片，一般以50条为1包，用厚纸包裹，然后用木箱包装，密封好后放置在干燥通风处贮藏。为防止生虫，在包装时可于木箱内放入一些大蒜头（用量为100条蜈蚣放15个）或一些花椒、樟脑等。每隔2～3个月检查1次，若发现受潮，即应日晒至干。如商品蜈蚣数量少，用纸包好后也可放在石灰缸内保存。

在贮存期间，要特别注意防止老鼠偷吃蜈蚣，同时切忌不要用硫黄熏的办法来防虫，因为这样会使蜈蚣脱足、变色，从而影响蜈蚣的品质，降低其商品价值。

第六章
蜈蚣蜇伤防范与救护

蜈蚣在祖国医学上被称为"五毒之一"，其毒性物质有两种，一种是组胺样物质，另一种是毒蛋白。蜈蚣毒的毒性超过蜂毒和蝎毒。人若是被蜈蚣蜇伤后便会疼痛难忍，出现局部红肿、头痛、发热、眩晕、烦躁、恶心、呕吐，甚至出现惊厥或休克等现象。一般中毒后半天左右即可恢复正常，不会致命。

蜈蚣养殖场的饲养管理人员整天与蜈蚣打交道，自引种入场开始，一直到蜈蚣的活捕、加工，一不小心都有被蜈蚣蜇伤的危险可能。因此做好个人安全防护和蜇伤后的正确处理十分重要。

一、个人防护方法

蜈蚣养殖人员必须要学会自我防护，以减少或避免被蜈蚣蜇伤引起中毒。做好防护必须以思想重视为前提。

（一）树立防护意识

首先，养殖人员必须对蜈蚣的解剖构造和生理行为特征要有一个基本的了解，弄清蜈蚣毒的危害性和蜈蚣施毒方式。通常情况下蜈蚣不会无故攻击蜇伤人，如将蜈蚣放于手背上任其自由爬行，一般不会蜇咬手背，但当蜈蚣感觉到自己受威胁时，如身体受夹制、被突然拨弄、尾足被踩等，它就会咬对其构成威胁的物体或人，当蜈蚣将大颚刺入人体组织时，即开始释放毒液，而且不会在瞬间内将毒液释放完，如果被蜇者不及时摆脱蜈蚣，则其会继续往人机体组织内释放毒液，将会造成更大危害。其次，要对蜈蚣毒蜇伤有个正确的认识，既不能麻痹大意，持无所谓的态度，也不能过分惊恐，如临死神一般。要充分认识到蜈蚣毒性虽然剧烈，但也能顺利解毒，并没有那么严重。最后，一定严格遵照蜈蚣养殖场的各项操作规程及安全制度工作。

（二）工具及设施防护

在饲养管理和捕捉、加工蜈蚣过程中，一定要注意配备相应的防护工具及设施。

（1）进入工作间要穿戴整齐，利用好衣物保护好自己。一般应穿长筒袜、长筒裤、长袖衣，不穿带洞的鞋，并扎紧袖口、裤腿。

（2）戴好防护手套，尤其是直接与蜈蚣相接触时要特别注意。

（3）配备各种必要的具有保护性的工具，如长把扫帚，用以清扫及收捕；用竹片制作的夹子，竹片要宽，夹蜈蚣时着力面大，不容易夹伤。内壁光滑的容器，用以临时装蜈蚣，或转移、运输蜈蚣等用。

（4）建造安全的蜈蚣养殖房，养殖池（箱）上面要罩上网罩，以防蜈蚣逃出蜇伤人畜。

（三）行为防护

设施防护可以大大降低蜈蚣对饲养人员侵害的可能性，但仍难以完全消除危险。因此，除设施防护以外，还应该注意行为防护。

饲养人员在饲养过程中，应做到行为规范化，避免因自身的行为、动作不当导致被蜈蚣蜇伤而引起中毒。因此，要求饲养管理人员在接近蜈蚣群时，尽量减少对它们的刺激，尽量避免用手及身体其他部位接触蜈蚣。另外，操作完成后注意对所戴手套进行去毒处理，以防手套带毒后被手及其他部位的皮肤接触，尤其是被伤口接触而造成毒素进入体内发生中毒。

同时，必须强调的是，非饲养人员一般情况下不要进入蜈蚣养殖区或养殖室，尤其是不能徒手抓蜈蚣。外来人员进入养殖区或养殖室，都要采取严格的防护措施。

二、蜇伤临床表现和处理方法

尽管养殖场在各方面都采取了有效的防范措施，饲养人员也很谨慎，但仍难保证不发生被蜈蚣蜇伤中毒的情况，一旦发生被蜈蚣蜇伤中毒，要尽快采取相应的处理措施。

（一）蜇伤临床表现

饲养人员接触蜈蚣最多的部位是手及手臂、足及小腿等处，这些部位最容易被蜈蚣蜇伤。被蜈蚣蜇伤的部位一般表现灼痛难忍，并出现一圈"红线"等典型的局部反应，如不及时处理或注入毒液过多，可迅速红肿甚至肿块膨大发亮，蜇伤部位感到麻木，随后肿块出现水疱，水疱破损后流出黄水或血水。多数情况下只表现局部症状，很少扩散至全身而出现全身症状，一般1天后会自行消散，不会危及生命。

但是，也有个别人被蜈蚣蜇伤后会出现急剧全身中毒反应，除了局部症状明显外，还会表现头晕、胀痛、全身不适、出汗、尿少、嗜睡等症状；严重者还会出现心律失常、肌肉刺痛、呼吸急促、血压下降等。有的甚至出现胃肠出血、肺水肿，更为严重者，常在抽搐、痉挛中死去。

（二）蜇伤急救处理

被蜈蚣蜇伤后，应先找到被蜇伤的部位，并迅速处理伤口挤出毒液，以防止毒液向体内其他部位扩散。轻度蜇伤可以就地急救处理，有全身症状者应迅速送往医院治疗。处理蜇伤部位有以下方法。

（1）在野外若被蜈蚣蜇伤后，立即挤压被蜇伤处以迅速排出毒液，挤压时要从伤口的周围向伤口中心挤压，然后用嘴对准被咬的位置将毒液吸出，并立即将毒液吐出（不要吞咽下去），以排出毒液。可利用身边易得的药物涂抹伤口：①将香烟丝捣碎搅烂，拌菜油涂抹伤口；②将大蒜头剥皮取瓣从中切断，用断面渗出液涂擦伤口；③用活蚯蚓皮肤上的黏液直接涂擦在伤口上，或将蚯蚓撕断，将消化道内的内脏挤掉，用断面的体液直接涂擦于伤口；④将活蜗牛肉体从壳中"拖出"，直接用其体表黏液涂擦伤口。也可将鲜蜗牛捣碎敷在被蜇伤部位皮肤上，有一定的止痛和缓解症状功效；⑤用桑树叶汁液，拌少许盐，涂于伤口上；⑥用盐肤木的汁液直接涂于伤口上；⑦用花露水、清凉油或 25% 氨水直接涂擦伤口；⑧用鸡蛋清液涂抹伤口；⑨用醋磨附子汁涂于蜇伤处，也有止痛作用。

（2）在蜇伤处上端 2～3 厘米处，用布条或布带扎紧，每 15 分钟放松 1～2 分钟，伤口周围可用冰敷，切开蜇伤处皮肤，用抽吸器或拔火罐等吸出毒液，并选用高锰酸钾液、石灰水冲洗伤口。

（3）在蜇伤处用 0.25% 普鲁卡因溶液 2 毫升皮下注射，进行局部封闭，既可以止疼，还可以防止毒素扩散。

（4）在蜇伤处皮下注射 3% 吐根碱 1 毫升，或麻黄素注射液（1∶1000）0.5 毫升，既可以止痛，又能中和毒液，消除症状。

（5）用冰块、冰水涂擦伤口，止疼很迅速。

（6）用饱和食盐溶液滴到蜇伤处，并用饱和盐水 2～3 滴滴入眼中，刺激结膜，也有一定疗效。

（7）对出现全身症状的可以采取综合治疗方法：静脉注射 10% 葡萄糖酸钙 10 毫升，或用 10% 水合氯醛 15～20 毫升灌肠以防伤者中枢神经系统出现并发症。可的松 100 毫升，混入 5%

葡萄糖或生理盐水2 000毫升静脉滴注，促使毒素分解排出；滴注时，为防止心肌受损，可配合服用甲硫丙脯氨酸12.5毫克；肌内注射1～2毫克阿托品；注射抗组织胺药物，防止低血压、肺水肿。

　　（8）口服中药法：①银花30克、半边莲9克、土茯苓15克、绿豆15克、甘草9克，水煎服，每天2次，可中和毒素，起解毒作用；②五灵脂9克、蒲黄9克、雄黄3克研成粉末，用醋冲服，每天3次，有抗毒、解毒功能。

第七章
蜈蚣养殖经营模式

我国蜈蚣养殖历史悠久,但是在1978年前,由于科学技术和生产力比较落后,受到资金、种源、市场、养殖技术、饲料等诸多因素的影响,养殖规模一直上不去,仅仅靠着从自然界中捕捉野生蜈蚣留作种用再进行人工驯养,养殖经济效益也很低,往往满足不了市场发展的需要。改革开放以后,我国特种经济动物养殖得以迅速发展,人工养殖蜈蚣的规模也由小到大,养殖方式从传统养殖逐步走向了现代化养殖,从捕捉野生蜈蚣留作种用到人工繁殖种蜈蚣,发展势头良好,养殖效益迅速增高,同时,全国各地也涌现出了许多优秀的做法和成功的模式,值得各地推广和广大蜈蚣养殖户学习借鉴。

一、"专业市场 + 养殖户"模式

市场是一切经营活动的载体,是沟通生产销售的渠道,是产品交换的场所。它具有集散商品、供需交换、实现价值、汇集信息、引导生产和消费等许多功能。尤其是专业市场的建立更为重要,有了专业市场,养殖户不仅能直接从市场选择蜈蚣品种,采购饲料、药品和其他养殖用品,而且还能通过市场了解国内外行情、供求信息,互相交流学习蜈蚣人工养殖和疫病防控技术知识,不断提高养殖水平和能力。

这种模式主要是依靠当地政府有关部门或农民自筹资金建立专业市场，以市场为导向，把广大养殖场（户）与市场紧密联系起来，形成具有一定规模的专业化连片生产，较好地解决了单家独户生产与市场脱节的矛盾，养殖户们都能依市场行情来确定自己的养殖规模，以市场需求来组织生产，以市场为纽带与客户连接起来，并及时向市场提供质量合格、数量足够的产品。不仅通过市场带动了养殖户，也通过市场监督和促进养殖户开展优质化、标准化生产。

二、"基地＋养殖户"模式

"基地＋养殖户"模式，是由龙头企业（通常是指拥有较大实力和规模的蜈蚣产品保藏加工、运输销售企业）派生出来的子公司，形成基地专业化生产，市场牵动龙头，龙头带动基地，基地连接养殖户，通过利益纽带把龙头、基地、养殖户三者有机地联系起来，形成松散型或紧密型的经济利益共同体，由龙头企业外连国内外市场，主要进行加工开发和贸易、销售；基地具体指导生产管理，统一提供蜈蚣种苗、饲料、药品及其他用具，统一收购和进行蜈蚣初加工和蜈蚣产品保藏；养殖户进行蜈蚣优质化、标准化生产，实行产加销一体化运作的合作经营模式。该种模式的组成形式有多种，如"加工企业＋基地＋养殖户""保藏加工企业＋基地＋养殖户""营销企业＋基地＋养殖户""合作经济组织＋基地＋养殖户"。

该模式的主要特点：拥有规模较大、布局集中的农副产品原料生产基地；拥有实力雄厚、前后辐射能力强大的工、贸龙头企业；拥有稳定的、不断拓展的终端产品市场；企业、基地、养殖户之间形成以产品为龙头、以资产为纽带的一体化运行机制；有利于进行优质化、标准化生产，保证蜈蚣产品的品质。

三、"合作社＋养殖户"模式

"合作社＋养殖户"模式，是在养殖户家庭经济的基础上，建立起来的一系列跨户、跨村，甚至跨乡镇的农村经济合作组织。该组织多数是以原有的社区性养殖场合作社或乡村经济技术实体服务为依托，把蜈蚣养殖户、养殖能手，通过自愿的原则，自发地联合起来，无明显的牵头单位，在按自然资源分布状况而形成的经济区域里，逐步形成自己的优势产品，通过自发组织生产，自行开拓市场推销产品，统筹分配利益。这种模式由于受到合作社的综合实力影响，一般规模较小、水平较低，很容易受到市场风波的影响，生产规模及经济效益波动较大，具有一定的局限性和滞后性。

该模式的主要特点：合作社内部产权比较清晰，责权利比较分明，既有合作者个人的生产资料和资金，又有合作者共有的不可分割的生产资料和资金，即它是一种共同占有与私人占有有机结合的混合的所有制经济组织。这种合作社可分为两大类：一是综合性合作社；二是专业性合作社。合作经济组织主要通过服务的纽带，将广大养殖户紧密地联系、团结在一起，建立并形成养供销、贸工农一体化的生产格局。

四、其他模式

在实际生产中还有许多模式值得借鉴，如"医药企业＋养殖户"模式、"中介组织＋养殖户"模式、"投资商＋养殖户"模式、主导产业及产品带动模式、外向拉动模式等，每种经营模式都有自己的特点，养殖户应根据各地的不同情况和条件，结合自己的资源优势，选择适合的发展模式，并根据市场需求变化和发展趋势，创造出新的更好的模式，才能取得更大的经济效益。

参考文献

［1］赵渤. 蝎子、蜈蚣实用养殖技术［M］. 北京：中国农业出版社，2002.

［2］李志英. 蜈蚣饲养及其应用［M］. 北京：科学技术文献出版社，2003.

［3］印文俊，胡庆华. 蜈蚣高效养殖与加工技术［M］. 北京：科学技术文献出版社，2011.

［4］张崇洲. 蜈蚣养殖技术［M］. 北京：金盾出版社，2011.

［5］王智，邹冬生，周竹英. 蜈蚣规模化高产养殖与病害防治［M］. 长沙：湖南科学技术出版社，2013.

［6］潘红平，邓寅业. 蜈蚣高效养殖有问必答［M］. 北京：化学工业出版社，2014.

［7］马永昌. 高效养蜈蚣［M］. 北京：机械工业出版社，2014.

［8］向前. 蜈蚣生态养殖技术［M］. 北京：金盾出版社，2016.